カメに100%喜んでもらう飼い方 遊ばせ方

"マイペースなやんちゃ者"が
あなたの愛情にどんどん応えだす!

エキゾチックペットクリニック院長
霍野晋吉[監修]
ミニペット倶楽部

青春出版社

KAME KAME Land!

ミシシッピーアカミミガメ

ミドリガメの名前でおなじみのカメ。原産地は北米だが、日本の池や沼に帰化している。

池や川に住み 陸にもあがる ヌマガメ

Turtle

池や川に住み
陸にもあがる
ヌマガメ
Turtle

クサガメ

日本を含むアジアに生息。背中に3本のキール（筋）がある。

KAME KAME Land!

ニホンイシガメ

日本だけに住むカメ。甲羅のフチがギザギザしている。

ミナミイシガメ

石垣島や西表島に住む夜行性のカメ。

キボシイシガメ

アメリカやカナダに住むカメで、黒い甲羅に黄色い点がある。

ハナガメ

中国からベトナムに生息するアジア産のヌマガメ。

ヨーロッパヌマガメ

南ヨーロッパなどに住むカメで、黄色い模様がある。

森や草原に住み水にも入るヌマガメ

Box Turtle

セマルハコガメ

石垣島などに住む天然記念物のカメ。お腹の甲羅に蝶つがいがあり、箱のように閉じることができる。

モエギハコガメ

中国やベトナム、ラオスなどのアジアに住むハコガメ。

温帯に住むリクガメ

Tortoise

ギリシャリクガメ

南ヨーロッパや北アフリカに住むカメ。

ヘルマンリクガメ

南ヨーロッパなどの森林や低木の湿地帯に住むカメ。

KAME KAME Land!

ホルスフィールドリクガメ

上から見ると甲羅が丸い。ロシアリクガメ、ヨツユビリクガメとも呼ばれる。

亜熱帯・熱帯に住むリクガメ
Tortoise

ホシガメ

甲羅の放射状の模様が星のように見える。インドやパキスタンなどに生息。

ヒョウモンガメ

アフリカの乾燥地帯に住む大型のリクガメ。

KAME KAME Land!

ケヅメリクガメ

アフリカのサバンナなどに生息する大きなカメ。

Tortoise

キアシガメ

足のウロコが黄色いカメで、中米から南米の熱帯雨林に生息。

アカアシガメ

中米から南米の熱帯地域にいるカメで、足のウロコが赤い。

ベルセオレガメ

背中の甲羅に蝶つがいがあり、甲羅を動かしてフタができる。

クモノスガメ

マダガスカルに住む小型の珍しいリクガメ。

その他のカメたち Other Turtles

カミツキガメ

マタマタ

ジーベンロックナガクビガメ

スッポンモドキ

トウブドロガメ

ヒメニオイガメ

KAME KAME Land!

はじめに

元気に暮らせる環境を作って
カメと楽しい共同生活を!

はるか遠く、恐竜がいた太古から生き抜いてきたカメたち。スイスイと気持ちよく泳いだり、甲羅干しをしたりと、そののんびりしたマイペースぶりは、眺めているだけで心がなごみます。最近では、ミドリガメやゼニガメなどのヌマガメだけでなく、なかなか手に入らなかったリクガメたちにも、ショップで出会えるようになりました。ペットとしての人気も、ますます上昇中です。

かわいいカメと暮らすことを決めたら、生活環境をしっかりと整えてあげましょう。カメは陸場に住むもの、水場に住むものとさまざまな種類がいます。同じ陸場でも、森林や沼地といった湿地帯に住むものもいれば、乾燥地帯に住むものもいます。乾燥地帯にしてもスコールがあったり、雨季があったりと、いろいろな気候の違いがあるものです。お気に入りのカメがみつかったら、まずは、生息地の環境を調べること。そして、できるかぎり温度や湿度などが生息地に近くなるように、再現してあげることが大切です。

本書では、ヌマガメ科とリクガメ科のカメたちをメインに、カメを健康に育てて、楽しい共同生活を送るポイントを紹介しています。こうした基本をおさえた上で、さらにカメの種類に合わせたプラスアルファの世話をしてあげてください。

あなたが適切な環境を提供し、世話をしてあげれば、カメはとても長生きできるペットです。家族の一員として、末長く一緒に暮らすことができるでしょう。

カメに100%喜んでもらう飼い方遊ばせ方

CONTENTS

CONTENTS

CONTENTS

CONTENTS

PART 5 カメともっとなかよくなろう！

カメ気分を理解する飼い主になるポイント

CONTENTS

CONTENTS

STAFF

写真　狩野 晋
本文デザイン　Into the blue
本文イラスト　池田須香子
桃屋むらさき
みやまつともみ

構成　小沢映子 <GARDEN>
宮野明子
撮影協力　おさかな家族
爬虫類倶楽部
ビッグベン

撮影協力　レップジャパン
みやまつともみ
協力　山内イグアナ研究所
ホームページ　http://yamasite.com

PART 1

水生それとも陸生？　カメ選びは究極の愉しみ

どんなカメを飼うか決めよう！

カメの魅力

きちんと世話すればとても長生き。カメは一生の友だちになれるよ！

のんびり日光浴をしたり、スイスイ泳いだり、のしのし歩いたり、ひたすらマイペースなカメたち。見ているだけで気持ちがなごんでしまうのが、なんといってもカメの大きな魅力です。

最近、カメと暮らす人たちが増えています。それは、カメはペットとしてだけではなく、家族の一員として、私たちにシアワセを運んでくる動物だからかもしれません。

そんなカメとの出会いかたは、人それぞれ。縁日の小さなミドリガメと目が合ったり、金魚屋さんの店先にいたゼニガメにひと目惚れしたり、友人宅やペットショップでのしのし歩いていたリクガメに心を奪われて……！　など、出会いは運命的にやってくるのです。

ところで、日本では単純に「カメ」とひとくくりにされていますが、その生態はさまざま。欧米では陸生ガメをトータス、淡水や海洋に生息する水生ガメをタートルと呼び分けていて、ペットとしての歴史も古いようです。ヨーロッパでは、ドイツを中心に100年以上も前からカメがペットとして愛されてきました。

「こんなカメが家にいたら…」と楽しく想像し、カメを家に迎えることになったときから、彼

らとの長いつきあいがはじまります。本来カメは、ペットとしてはほかに例がないほど長生きの動物。カメが喜ぶ環境作りを心がけて、長寿をまっとうさせてあげましょう。

でも、彼らが満足するような環境を用意するのは、けっこう大変です。なぜなら、カメはイヌやネコのようなペットとは大きく違うから。たとえば、カメは自分で体温調節ができないので、周囲の温度調節が必要です。また、鳴いて意思表示をすることもないし、健康のためには日光浴が欠かせません。さらに、成長するにつれて、かなりの飼育スペースをとることも覚悟しておいてください。

それでも「カメと暮らしたい!」という人は、いざ楽しいカメライフをスタートしましょう。

水生ヌマガメ

池や川に住み、陸にもあがるヌマガメ

ミシシッピーアカミミガメ

学名　*Trachemys scripta elegans*

分類 ヌマガメ科ヌマガメ亜科スライダー属

分布 アメリカ北部のミシシッピー川流域からオハイオ川下流域、テキサス州中央部やメキシコ北東部にかけてのほぼ全域

甲長 オス12～20センチ　メス15～30センチ

■おもな特徴

子ガメの頃は背甲が濃い緑色のため、日本ではミドリガメの名前で知られる。鮮やかな緑色は小さな頃だけで、次第に濃く、黒っぽくなっていくのが特徴。

もともとはアメリカ原産だが、丈夫な種であり、世界中に帰化している。アカミミガメ（レッドイヤー・スライダー）の名は、目の後ろ部分に赤い帯があるためだが、オスの一部にはこの帯が薄いものもいる。

背甲に黄色と黒の縞があり、後部が広く末広がりで、縁にはギザギザがある。腹甲は黄色で、黒い楕円状の模様が対《つい》になって入っている。前肢には細い黄色の縞《しま》、後肢には白に近い黄色の縞が見られる。

また、後肢には水かきがついていて、泳ぎが得意である。

■野生の暮らし

河川、湖沼、池など、水生植物が多いところに生息している。雑食性だが、幼体のときは肉食傾向が強く、成長するにつれて草食傾向が強くなっていく。

水温が10度以下になる日が続くと食欲が減退し、活動も低下。自然の中では、北部に生息するものは冬眠するが、南部では冬眠せずに冬越しをする。

■飼育のポイント

水場をメインにして陸場を入れたケージで飼う。おもに水中で活動するため、エサは水中に入れること。配合飼料、乾燥飼料のほか、淡水魚の小魚やイトミミズなどの生き餌もあげるとよい。水草などもエサになる。

日本にも帰化しているほどポピュラーで飼いやすい種類だが、気が荒いカメもいる。甲長が7、8センチを超えたらかまれないよう注意。同じケージでは、1匹のみで飼うほうがよい。

クサガメ

学名　*Chinemys reevesii*

分類 ヌマガメ科バタグールガメ亜科クサガメ属

分布 日本（本州、四国、九州、沖縄）、朝鮮半島、中国、台湾

甲長 オス15～20センチ　メス15～25センチ

おもな特徴

背甲の中心と左右に、キールと呼ばれる縦に入った線状の突起があるのが特徴。四肢の付け根にある臭腺からニオイを出すのでクサガメの名がついている。

売られているのはおもに台湾産で、自然下でも外国産の帰化が増え、日本産は減っている。外国産の個体は、各甲板を囲うように黄色い線の模様があるため、金線亀《きんせんがめ》とも呼ばれている。頭部には、黄緑色の模様がある。子ガメは、ニホンイシガメの子ガメとともに、ゼニガメの名で売られていることが多い。

老齢になると甲羅と皮膚に色素沈着が見られ、黒くなる黒化現象が見られるオスもいる。

性格的には臆病だが、次第に人になれるので、飼いやすい。

野生の暮らし

河川、湖沼、池などに生息。雑食性で、ザリガニ、魚類、甲殻類、昆虫、軟体動物、水草などを食べている。

飼育のポイント

水場をメインに、陸場を入れたケージで飼う。配合飼料のほか肉類や生き餌もあげるとよい。

ニホンイシガメ

学名　*Mauremys japonica*

分類 ヌマガメ科バタグールガメ亜科イシガメ属

分布 日本（本州、四国、九州）日本だけに住む

甲長 オス8～12センチ　メス15～21センチ

おもな特徴

縁甲板後部がのこぎりの歯のようにギザギザしており、背甲には中央に縦に1本キール（突起）が見られる。背甲は茶褐色、腹甲は黒色で、尻尾の根元はオレンジ色をしている。

子ガメのときは甲羅が丸く尻尾が長いが、成長するにつれて楕円形に変化。性格は臆病で神経質なので、人になれるまでに時間がかかる。子ガメは甲羅の形が銭に似ていることから、ゼニガメの名で親しまれている。

野生の暮らし

野生では関東から南の沼や河川に生息していたが、最近では、環境の悪化により減少している。ミシシッピーアカミミガメや台湾産のクサガメが野生化して増えたことも、減少の原因となっている。植物、昆虫などを食べる雑食性。

飼育のポイント

ほかのヌマガメと同様、水場に陸場を入れたケージで飼う。ニホンイシガメは皮膚病になりやすいため、とくに水を清潔に保つことが大切。水がえをまめにするよう心がけること。

エサは配合飼料のほか、肉や生き餌も与えるとよい。

ミナミイシガメ

学名　*Mauremys mutica*

分類 ヌマガメ科バタグールガメ亜科イシガメ属

分布 日本（八重山諸島）、中国、台湾、ベトナム

甲長 15～20センチ

日本の一部とアジア各地の広い地域に生息し、産地によって多少、形や柄も違う。甲羅は薄い褐色で、ニホンイシガメと比べるとやや丸みがある。オスとメスの大きさはほぼ同じで、オスは四肢が太く、腹甲がへこんで交尾がしやすくなっている。

河川や湖沼、水田などに生息。夜行性のため、昼間は泥の中で休み、夜に活動する。雑食性。

キボシイシガメ

学名　*Clemmys guttata*

分類 ヌマガメ科ヌマガメ亜科アメリカイシガメ属

分布 アメリカ北東部、カナダ南東部

甲長 最大12・5センチ

黒い背甲に黄色の斑点の甲羅が人気のヌマガメ。斑点は各甲板に1つずつ入るのが普通だが、成体になると増えたり消えたりすることも。まれに、白やオレンジの斑点が出る個体もある。

河川、湖沼、湿地帯などに生息。ヌマガメのなかでは陸生が強いので、陸場を大きくとるとよい。昆虫やミミズ、ザリガニ、水草などを食べる雑食性。

ハナガメ

学名　*Ocadia sinensis*

分類　ヌマガメ科バタグールガメ亜科ハナガメ属

分布　中国南部、台湾、ベトナム、ラオス

甲長　20～27センチ

中国からベトナムにかけて生息するアジアのヌマガメ。日本でも飼いやすいため、子ガメが多く輸入されている。

河川や湖沼、池などに住んでいるが、台湾では、ミシシッピーアカミミガメなどの影響で数が減少している。顔からアゴ、四肢に黄色の細い縞《しま》が入っている。背甲は黒くて、黄緑色の模様が出る個体もある。雑食性。

ヨーロッパヌマガメ

学名　*Emys orbicularis*

分類　ヌマガメ科ヌマガメ亜科ヨーロッパヌマガメ属

分布　北アフリカ、南ヨーロッパ、西アジア

甲長　12～25センチ

頭部が大きく、黄色い模様があるのが特徴だが、模様のない個体もある。甲羅や四肢は全体的に黒っぽく、太く長い尾を持っている。

英語名ではヨーロピアン・ポンド・タートル（池ガメ）と呼ばれ、河川や湖沼、池、湿地帯に生息。野生では、おもにミミズや貝、魚類、カエルなどを食べている。

キバラガメ

学名　*Trachemys scripta scripta*

分類 ヌマガメ科ヌマガメ亜科スライダー属

分布 アメリカ（バージニア州〜アラバマ州沿岸）

甲長 約28センチ

腹甲が黄色いため、この名がついた。英語名ではイエローベリー・スライダーと呼ばれる。

腹甲には、黒い斑紋がわずかに見られるものもある。眼の後ろに、三日月のように黄色く太い帯状の模様が入っているのが特徴だ。

背甲は、子ガメのときは緑色に黄色のまだら模様が入るが、成体では褐色になる。

ニシキガメ

学名　*Chrysemys picta*

分類 ヌマガメ科ヌマガメ亜科ニシキガメ属

分布 アメリカ、メキシコ、カナダ

甲長 10〜25センチ

日本への輸入が最も多いセイブニシキガメをはじめ、トウブニシキガメ、フチドリニシキガメ、セスジニシキガメの4種。

背甲は褐色か深緑色で、縁甲板が赤味を帯びている。後部の縁甲板はギザギザがなく、細長い尻尾を持っている。河川、湖沼、池などに生息。寒冷に強い傾向だが十分な日光浴は必要。性格は大胆。雑食性。

コンキンナヌマガメ

学名　*Pseudemys concinna*

分類　ヌマガメ科ヌマガメ亜科
クーター属
分布　アメリカ、メキシコ
甲長　オスは40センチ以上

リバークーターとも呼ばれる。クーターはインディアン語でカメの意味。上アゴの中央に深く切れ込みが入り、両側に歯のような突起があるアカハラ亜属と、切れ込みがはっきりせず突起もないクーター亜属に分類される。

野生では河川や湖沼に住み、水場を好むので、水場を広くしたケージで飼うこと。草食性が強いが、昆虫類、甲殻類、魚類も食べる雑食性である。

フロリダアカハラガメ

学名　*Pseudemys nelsoni*

分類　ヌマガメ科ヌマガメ亜科
クーター属
分布　アメリカ（フロリダ州、ジョージア州）
甲長　20～34センチ

腹甲が赤やオレンジがかった色をしており、別名はフロリダ・レッド・ベリー。成長とともに、色が薄く、黄色っぽくなることも。また、腹甲に黒い斑がある個体もいる。頭部から頸部にかけては、太い黄色の帯状の模様が見られる。河川や湖沼に住み、幼体のうちは肉食傾向が強い。成長するにつれて、草食傾向が強い雑食となる。

アミメガメ

学名 *Deirochelys reticularia*

分類 ヌマガメ科ヌマガメ亜科 アミメガメ属
分布 アメリカ南東部
甲長 15〜25センチ

名前の通り、背甲に網目があるのが特徴。前肢には、黄色くて太い帯状の模様が見られる。のばすと甲羅の4分の3くらいの長さになるほど、細長い頭部を持っている。現地では食用にもされ、味が鶏肉に似ていることから、英語名ではチキン・タートルと呼ばれている。

河川、湖沼、湿地帯に住み、水草、昆虫やミミズなどを食べる雑食性。

コロンビアクジャクガメ

学名 *Trachemys scripta callirostris*

分類 ヌマガメ科ヌマガメ亜科 スライダー属
分布 南アメリカ北部
甲長 約35センチ

背甲の甲板ひとつひとつに、クジャクの羽のような美しい模様が見られる。このような模様の種はほかに、メキシコクジャクガメ、ブラジルクジャクガメがある。湖沼などに生息し、昆虫やミミズなどを食べる雑食性。

日本では、かつてはミシシッピーアカミミガメに混じって輸入され、ミドリガメとして売られていた。現在は、輸入数は減少している。

ミシシッピーチズガメ

学名　*Graptemys kohnii*

分類　ヌマガメ科ヌマガメ亜科チズガメ属
分布　北アメリカ
甲長　約26センチ

頭部の眼の後ろあたりに、三日月形と帯状に黄色の模様が入る。同じように、四肢にも黄色の縞模様がある。個体によっては、頭部の模様がオレンジ色のものも。背甲の中央に、縦に突起が入っているのも特徴。

ミシシッピー川流域に生息しており、食性は雑食。昆虫やミミズなどを食べている。

ダイヤモンドバックテラピン

学名　*Malaclemys terrapin*

分類　ヌマガメ科ヌマガメ亜科ダイヤモンドバックテラピン属
分布　アメリカ南東部
甲長　オス13～15センチ　メス20～24センチ

キスイガメとも呼ばれる。テラピンは、もともとインディアンの言葉で淡水ガメの意味だが、現在は食肉ガメを表している。7亜種が確認されているが、判別はむずかしい。一般的には、背甲の年輪が、ダイヤモンド模様のように見えるのが特徴。

海岸周辺の河口や汽水域、砂浜、海岸などにも生息。巻き貝や二枚貝、エビ、カニなどの甲殻類、昆虫などを食べる。

セマルハコガメ

学名　*Cuora flavomarginata*

分類　ヌマガメ科バタグールガメ亜科オカハコガメ属

分布　中国、台湾、日本（沖縄）

甲長　約17センチ

■おもな特徴

背甲が丸く、腹甲に蝶つがいがありフタのように閉まる仕組み。ハコのようになるので「ハコガメ」と呼ばれている。

腹甲をぴったり閉めてハコになることで、寒さを防ぎ、湿度を保つことができる。また、アリから身を守るという役割も果たしている。

セマルハコガメは、別名、マレーボックス、ミズハコガメとも呼ばれている。頭部に黄色い帯状の模様が入っているのが特徴。甲羅は褐色をしていて、腹甲や四肢は黒っぽい。

日本でも西表島、石垣島などに生息するが、国内個体は天然記念物のため、飼育や繁殖は禁止されている。中国でも輸出禁止となったので、希少価値となってきた。

■野生の暮らし

森林の湿った陸地に生息しており、浅い水場にも入る陸生のヌマガメ。水中で交尾し、1年に3回ほど、一度に1~3個の卵を産む。食性は雑食性。

カメには珍しい夜行性。自然下では夜や、日中でもくもりや雨のとき、おもに活動している。飼育下でも夜行性だが、なれてくると昼間も活動するように。入手はしにくいが、丈夫で飼育しやすい種。頭がよくて人にもなれるので、人気が高い。

■飼育のポイント

ケージは基本的に陸場のみだが、カメが入れる広さで、浅い水入れを入れてあげるとよい。配合飼料、バナナ、トマトなどの果物や野菜のほか、昆虫、ナメクジ、ミミズなども食べる。

フロリダハコガメ

学名　*Terrapene carolina*

分類　ヌマガメ科ヌマガメ亜科 アメリカハコガメ属

分布　アメリカ中央部

甲長　12~18センチ

ミツユビハコガメなど、4亜種が知られている。甲羅の模様は、バリエーションが豊富である。森林や草原に生息し、昆虫、ミミズ、バッタ、植物などを食べる雑食性。幼体の頃はとくに肉食傾向が強い。

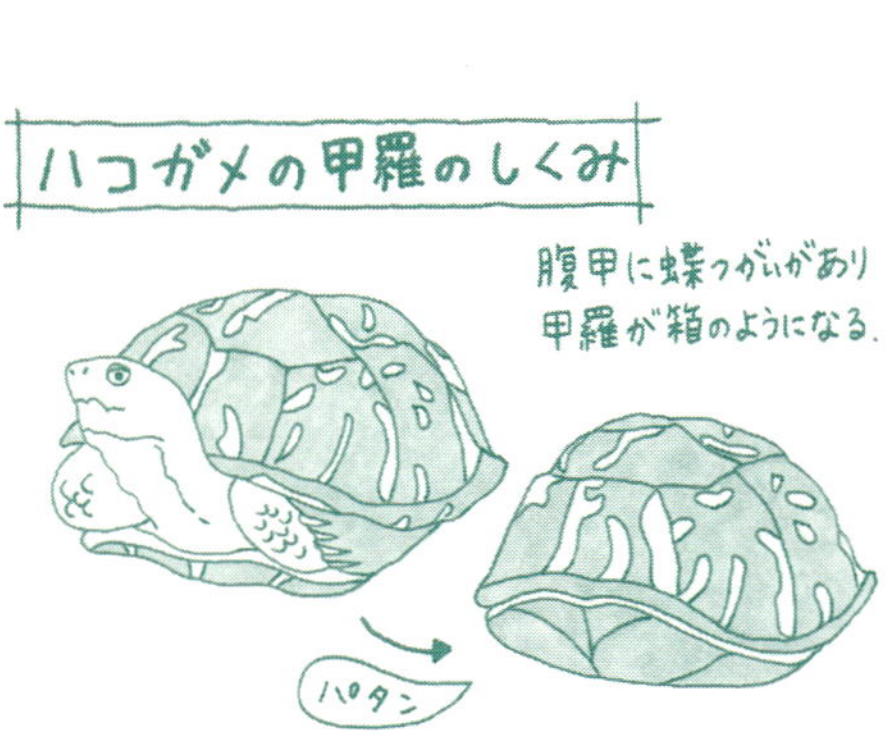
ハコガメの甲羅のしくみ
腹甲に蝶つがいがあり
甲羅が箱のようになる。
パタン

ヒラセガメ

学名　*Pyxidea mouhotii*

分類 ヌマガメ科バタグールガメ亜科ヒラセガメ属
分布 インド北部、インドシナ半島、中国南部
甲長 15~20センチ

背甲には中央と左右に3本のキール（突起）が入っている。背甲の上部、中央のキールがやや平らなことから、この名前がついている。湿った森林や川岸、池などに生息するが、水にはあまり入らない。

食性は草食性の強い雑食。飼育下では、野菜、果物、鶏肉、レバーのほか、ミミズやコオロギなどの生き餌をあげるとよい。

マレーハコガメ

学名　*Cuora amboinensis*

分類 ヌマガメ科バタグールガメ亜科アジアハコガメ属
分布 マレーシア、フィリピン、インドネシア
甲長 20~25センチ

頭部に黄色の帯状の模様が見られる。アンボイナ、ジャワ、シャムの3亜種がいる。ハコガメの中ではもっとも出まわっている種類で、比較的丈夫なこともあり、飼いやすい。

半陸半水生で、陸でも水中でもエサを食べる。年に3回ほど一度に1~3個の卵を産む。動物質を好む雑食。水草、昆虫などを食べる。

モエギハコガメ

学名　*Cuora galbinifrons*

分類 ヌマガメ科バタグールガメ亜科オカハコガメ属
分布 中国南部、海南島、ベトナム、ラオス
甲長 15〜18センチ

背甲は丸く、中央と左右に縦に3本の突起が入っている。約22〜28度と、ほかのハコガメに比べても適正な温度範囲が狭い傾向にあり、高温にも低温にも弱い。エサも食べにくく、飼育はやや難しい種類。

昆虫、ミミズなどを食べる雑食性。ほとんど水には入らないので、ケージは、湿った陸地と飲み水用の水入れのみにする。

スペングラーヤマガメ

学名　*Geoemyda spengleri*

分類 ヌマガメ科バタグールガメ亜科オナガヤマガメ属
分布 中国南部、ベトナム
甲長 12〜16センチ

オスの尾がとても長いため、別名オナガヤマガメと呼ばれる。幼体では、白目の部分が赤味がかった黄色をしているが、成体のオスではこの部分が白い。

山地の森林などに生息しているが、水辺にも見られる。雑食性で昆虫などを食べる。クチバシの形がギザギザで、昆虫を食べやすくなっているのが特徴。

飼育下では、鶏肉やレバーなどをあげてもよい。

温帯のリクガメ

温帯に住む地中海リクガメたち

ギリシャリクガメ

学名　*Testudo graeca*

分類 リクガメ科ヨーロッパリクガメ属

分布 スペイン南部、ブルガリアからギリシャ、トルコからイスラエル、イラン、旧ソ連のコーカサス地方、北アフリカ

甲長 14～18センチ　最大30センチ

おもな特徴

Testudoはラテン語でリクガメを、graecaはギリシャを意味するが、ギリシャ以外に多く生息している。

背甲の模様が、ギリシャのモザイク模様に似ていることから命名されたという説が多いが、ギリシャには、亜種であるトルコギリシャリクガメが生息している。

野生の暮らし

低木の密集地帯に住み、冬は茂みに掘った穴で冬眠をする。草食性で草や野菜を食べる。

飼育のポイント

ケージ内が蒸れないよう、風通しをよくすること。とくに真夏は、高温多湿になりすぎないよう注意する。

ヘルマンリクガメ

学名　*Testudo hermanni*

分類 リクガメ科ヨーロッパリクガメ属

分布 バレスアス諸島、南フランス、イタリア、旧ユーゴスラビア、ブルガリア、アルバニア、ギリシャ、トルコ

甲長 15～20センチ

おもな特徴

多くのリクガメは臀甲板《でんこうばん》が1枚だが、この種類は2枚あり、特に大きいことが特徴。尾の先は、爪のようになっている。

野生の暮らし

マキといわれる低木の湿地帯に生息している。昔は常緑樹の森林に生息していたが、環境破壊により移動したと思われる。

生息地に四季の気温変化があるので、冬には、灌木の茂みなどに穴を掘り、冬眠をする。草食性の強い雑食。

飼育のポイント

野草や野菜を中心に、ミミズや昆虫などの生き餌も多少はあげるとよい。よく地面を掘るので、野草を植えて、自由に食べさせるのもおすすめ。

ホルスフィールドリクガメ

学名 *Testudo horsfieldi*

分類 リクガメ科ヨーロッパリクガメ属

分布 イラン、パキスタン、アフガニスタン、カザフスタン、トルクメニスタン、ウズベキスタン、タジキスタン、中国

甲長 14～18センチ　最大24センチ

■おもな特徴

上から見ると丸い甲羅が特徴。中国の岩の多い砂漠地帯やステップ地域ほか、海抜1500メートル以上の高地など、さまざまな環境に生息。四肢の爪が4本あるのでヨツユビリクガメの名前でも知られている。ロシアリクガメとも呼ばれるが、ロシアには自然分布はしていない。

■野生の暮らし

冬は1メートル以上の地中深くに冬眠し、夏も穴の中で暑さをしのぐ。活動するのは春と秋のそれぞれ約3か月で、この時期に繁殖。一度に3～5個の卵を産む。食性は草食。

■飼育のポイント

ケージで飼う場合は、多湿にならないように風通しに注意する。ケージ内は乾燥させるが、カメには水分補給をしないと逆に、脱水症状になることもあり危険。水分の多い葉物の野菜をエサに加えたり、温浴で水分補給をさせてあげること。

屋外で飼う場合は、土を深く掘るので、逃げないように網や柵をつける必要がある。

マルギナータリクガメ

学名　*Testudo marginata*

分類 リクガメ科ヨーロッパリクガメ属
分布 ギリシャ、アルバニア南部
甲長 25～40センチ

おもな特徴

マルギナータは「縁のある」という意味。甲長はかなり大きく成長し、後ろ側の縁が広がって、そり返っているのが特徴。

カメは普通、甲羅がそっているのは異常と見られるが、この種類に限っては例外。この特徴は、オスのほうがより顕著に見られる。甲羅の形から、和名ではフチゾリリクガメという名前でも呼ばれている。

成体の背甲は、甲板が縁取られるように黒くなる。

野生の暮らし

半乾燥地帯で、植生のまばらな森林に生息している。草食性で野菜や果物を食べる。

飼育のポイント

ケージは土や干し草、新聞紙などを使い、多湿にならないよう乾燥した陸場にする。

ヨーロッパ各国やアメリカでのブリーディングが盛んだが、輸入数は少ない。

亜熱帯・熱帯のリクガメ
亜熱帯と熱帯に住むリクガメたち

ホシガメ

学名　*Geochelone elegans*

分類　リクガメ科リクガメ属
分布　インド、スリランカ
甲長　25～30センチ

おもな特徴

星のように見える放射状の線がある盛り上がった美しい甲羅が人気。同じような模様が腹甲にも見られる。ほかのリクガメとは異なり、メスのほうがオスよりも大きくなる。

野生の暮らし

亜熱帯に生息するカメ。低木や灌木の密集する乾燥地帯や砂漠地帯の周辺、丘陵地帯の草地周辺などが多いが、多湿地帯にも生息している。

生息地の乾燥地帯でも、6月にはモンスーンで一時的な多湿になり、この時期に合わせて活発に活動をするともいわれる。

野菜や果物、昆虫やミミズなどを食べる雑食性。

飼育のポイント

ホシガメに多い病気は結石。ケージには、浅い水入れを入れて、水分をとらせよう。タンポポやオオバコなどの野草や野菜を中心に、昆虫やミミズも食べさせるとよい。

ヒョウモンガメ

学名　*Geochelone pardalis*

分類　リクガメ科リクガメ属

分布　アフリカ東部、南部

甲長　40〜50センチ　最大72センチ

背甲はクリーム色の地に、黒い斑紋が不規則に入っている。模様の入りかたは個体によりさまざまだ。日光が不足すると、甲羅が全体に白っぽくなってしまう。

乾燥地帯に住み、食性は草食。エサで水分の多い野菜などを与え、水分補給をしてあげることも大切。室内で飼っている場合は、週に一度くらいは日光浴をさせるとよい。

ケヅメリクガメ

学名　*Geochelone satcate*

分類　リクガメ科リクガメ属

分布　サハラ砂漠以南のアフリカ（エチオピア、スーダン、チャド、セネガル、マリ、ニジェールなど）

甲長　60〜70センチ　最大83センチ

腹甲の尾の付け根の左右にケヅメ状の突起があるのが特徴。アフリカで最大のリクガメ。成長が早く、3、4年で甲長が30センチを越えるので、かなり広い飼育スペースが必要。サバンナやアカシアの灌木の密集する土地に生息。高温で乾燥した季節は、土に穴を掘って入り、暑さをしのいでいる。草食性。

パンケーキリクガメ

学名　*Malacochersus tornieri*

分類 リクガメ科パンケーキリクガメ属
分布 ケニア、タンザニア
甲長 14～17センチ

平らで薄い甲羅を持つ珍しいカメ。この甲羅はやわらかいため、危険なときには岩などの隙間に入り込み、甲羅を膨らまして引き出されるのを防ぐことができる。

乾燥地帯の岩場に生息。野菜や野草、果物を中心に食べる草食性。飼育には、昼と夜の温度差があるほうがよい。22～28度の環境で、昼間に35度くらいの高温の場所を作る。

アカアシガメ

学名　*Geochelone carbonaria*

分類 リクガメ科リクガメ属
分布 中米から南米
甲長 40～50センチ

四肢に点々と赤いウロコが見られるため、この名がついているが、幼体ではウロコが黄色のものもいる。背甲は楕円形で、大きくなると、中央部がやや、細くくびれてくる。

熱帯雨林やサバンナに生息しており、雑食性。野生では、植物や果物、多肉植物などを食べている。ケージ内には、浅い水入れを入れて、野菜を中心にミミズ、昆虫、ナメクジなどもあげるとよい。

キアシガメ

学名　*Geochelone denticulata*

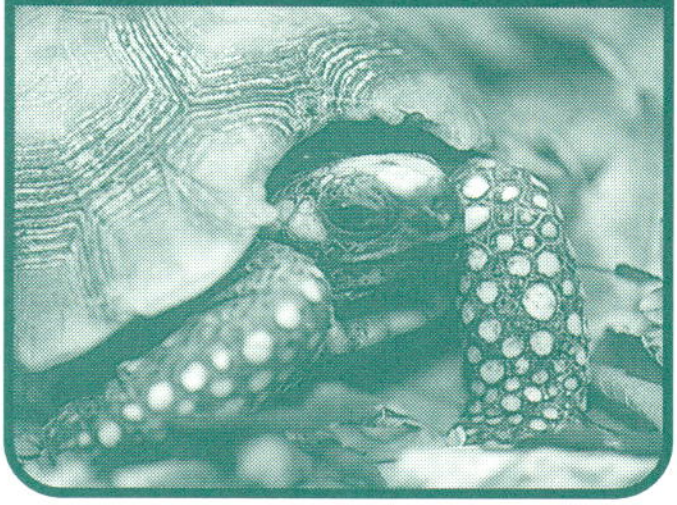

分類 リクガメ科リクガメ属
分布 中米から南米
甲長 60～82センチ

四肢に黄色やオレンジ色のウロコが見られるのが特徴。幼体ではアカアシガメと見分けにくいが、キアシガメのほうが、背甲の色が薄く、模様もはっきりしていない。成長しても中央はくぼまず、楕円形になっている。

アカアシガメ、キアシガメとも、ワシントン条約付属書Ⅱに属し、輸入数は少ない。

雑食性で、植物や果物のほか、サボテンなどの多肉植物も食べている。

ベルセオレガメ

学名　*Kinixys belliana*

分類 リクガメ科セオレガメ属
分布 アフリカ西部、マダガスカル諸島
甲長 約22センチ

背甲の後肢の上あたりに蝶つがいがあり、曲げてフタができるのが、セオレガメだけに見られる特徴。各甲板の接合部分が、黒い縁取りになっている。

比較的乾燥した地域から、多湿地域まで、さまざまな地域に生息している。雑食性で、落ち葉やキノコ、果物、ナメクジなどの軟体動物を食べる。

ワシントン条約付属書Ⅱに属し、輸入数は少ない。

エロンガータリクガメ

学名　*Indotestudo elongata*

分類　リクガメ科インドリクガメ属
分布　中国南部、インド北部、ネパール、ミャンマー、マレーシア
甲長　約30センチ

頭部が黄色っぽいのが特徴だが、甲羅の色や模様は、黒っぽいものから黄色の地に黒の模様が入るものなど、バリエーションに富んでいる。

野生では高地に生息。比較的多湿に強いため、飼いやすい種類といえる。植物や果物、昆虫を食べる草食傾向の強い雑食で、バナナやリンゴなどを好む。

クモノスガメ

学名　*Pyxis arachnoides*

分類　リクガメ科クモノスガメ属
分布　マダガスカル島南西部
甲長　12～14センチ

濃い茶色の甲羅に細い線が放射状に入り、クモの巣のような模様になっている。リクガメは大きくなるものが多いが、最大でも甲長15センチくらいにしかならない小型のカメ。

マダガスカル島南西部のサバンナ地帯のみに生息している珍しい種類。野生では、乾期の間を穴の中で過ごし、植物や昆虫を食べている。飼育下では、昼夜の温度差をつけるとよい。

COLUMN
コラム

縁起がいいカメ？　〝アルビノ種〟の不思議

カメは水生、陸生と生息環境もいろいろなうえ、食性もバリエーションに富んでいる動物。同じ仲間でもいろいろな違いが見られますが、なかでも珍しいのは、甲羅や体が白いカメ。ほかの動物にもありますが、色素が薄いために白くなる「アルビノ種」がカメの中にもいるのです。

生まれつき皮膚の色素がないため、皮膚も甲羅も白からクリーム色のような色合い。そのため、眼球も赤くなります。アルビノ種に似たもので、甲羅や皮膚が白っぽいのに、眼が黒いカメもまれにいますが、こちらは「白変種」と呼ばれるもの。アルビノ種とは違い後天的な要素で白くなったもので、有色色素は持っているので、次第にまた元の色に戻ることもあります。

カメのアルビノ種は、不思議に思われる点が多々あります。

アルビノ種には、紫外線を吸収する色素がないのです。そのため、カメにとって必要不可欠な紫外線を吸収することができず、健康に長く生きるのは難しいはず。それに、自然界ではどうしても目立ってしまいますから、敵に狙われることも多いでしょう。アルビノ種は遺伝的な要素で生まれるもので、ただでさえ珍しいうえに、無事に生きていく可能性は少ないカメ。自然淘汰されていなくなってもおかしくはないのに、少ないながらも依然として存在しています。

それどころか、カメのアルビノ種は、ほかの動物と比べて生まれる確率が多いとされているのです。なぜ先天的に弱い遺伝が、こうして引き継がれているのか、現在はまだわかっていません。

カメを選ぼう

生活環境もルックスもいろいろ。飼いたいカメの種類を決めよう

個性派ぞろいのカメの中から、飼う種類を決めましょう。ここで大切なのは、見た目の好みだけで決めないこと。なぜなら、カメは種類によって設備や飼育の難易度、飼育にかかるお金などがまちまちだから。つまり「自分はカメにどんな暮らしを提供できるのか」を考えた上で、飼うことができるカメの種類の中から「うちのカメ」を選ぶようにしましょう。

①水生ガメにするか陸生ガメにするか

飼育のしやすさでいえば、初心者や子どもにおすすめなのは水生ガメです。エサは配合飼料をメインにできるので、比較的手間いらず。また、水中ヒーターを使えば温度管理も簡単です。ただ、水槽などに水を入れて飼うので水がえの世話が大変。でも、ろ過装置などにお金をかければ、そのぶん水がえの頻度を少なくできるでしょう。

陸生ガメは、水がえの手間はありませんが、初心者には飼育が難しい種類です。温度管理が難しく、飼育にかかる出費(飼育グッズ代・エサ代など)も多いので、あらかじめ覚悟しておくこと。また、リクガメのエサは生の野菜や野草がメインです。毎日、新鮮なエサを用意できる

かどうかも考えておきましょう。

②どのくらい大きくなるか

子ガメが小さいのはあたり前。問題は、成長時の大きさです。甲長30~40センチ以上になると、60~90センチの水槽でもカメには狭すぎます。広い池や庭、または部屋ひとつを用意できる人以外は、大きく成長するカメに手を出してはダメ。成長しても自分でラクに世話ができる種類を選びましょう。

③どのくらいのお金をかけられるか

カメの中には高価な種類も多いもの。さらに、飼い始めてからもお金がかかることを忘れないで。飼育容器やライト、ヒーター、エサ代のほか、電気代もバカになりません。

以上のことをよく考えた上で、自分で世話ができる範囲のカメを選びましょう。

カメの気持ち

飼うなら最後まで責任を持って飼おう

いつものんびりと日光浴をしていたり、日ごとに大きくなっていくカメの姿は、こちらまでのどかな気持ちにさせてくれるもの。

しかし残念なことに、カメを捨てる人がいるのも事実です。ミシシッピーアカミミガメが帰化して、クサガメやイシガメの存在を脅《おびや》かしているのも、そうした「捨てガメ」が増えたため。最近では、ワニガメやカミツキガメが公園の池で発見され、ニュースになったこともありました。カメがどのくらい大きくなるのか考えず、計画性もなく飼ってしまうのは問題です。一度飼うと決めたなら、責任を持って最後まで世話をしてください。

ショップ選び

カメの健康管理がしっかりしているショップを探そう!

飼いたいカメを決めたら、いよいよショップへ! カメの種類が豊富なのは、やはりハ虫類専門ショップ。専門店なら、たくさんの種類の中から選ぶことができるはず。また、飼育グッズもあるので、飼い始めたあとにグッズを買い足したり、飼育の相談にのってもらえるので安心です。できれば専門ショップで、店員もカメに詳しい人がいる店で買うのがベストでしょう。

ただ、ミドリガメやクサガメなどのポピュラーなカメなら、一般のペットショップやデパートでも買うことができます。子ガメがたくさんいて、元気なカメが選べるなら問題ありません。

ハ虫類ショップで最低限チェックしたいのは、店が清潔かどうか。店内がクサかったり汚い店は、カメの掃除が行き届いていないことがあるので、やめたほうがいいでしょう。また、カメの健康管理がきちんとしているかどうかしっかり見極めて、納得できる店で買うべきです。さらに、店内が温かいことも大切。ハ虫類のケージがたくさんあれば、ケージの温度管理をしているだけで店内が温かくなっているのが普通です。店内が寒かったり、ケージや店内に温度計がついていないような店は避けたほうがいいでしょう。

カメを買うときには、ケージなどのグッズも同時に買うようにします。カメの飼育には、「カメを飼う環境」も買うことが大切。カメは「入れ物だけあれば大丈夫」という生き物ではないし、最初が肝心です。子ガメはとくに温度変化に弱いので、子ガメを買うときには十分に注意を。カメを買うときに、「飼育道具はありますか？」と聞いてくるようなショップのほうが、信頼できるといえるでしょう。飼育グッズは、P82～87、106～111を参考に、光の環境作りに必要なもの、温度管理に必要なもの、エサなどをそろえてください。

ショップにいろいろカメがいると、思わず目移りしてしまいがち。でも、カメの幸せのためには、くれぐれも衝動買いはしないこと！

元気なカメは？

健康な子ガメを見分けるにはココをかならずチェックしよう

◆まだ小さすぎるリクガメの子ガメは要注意！

リクガメの子ガメを選ぶときは、どのくらいの大きさのカメを買うかも大切なポイント。ショップによっては、手の平にスッポリ入るような極ミニの子ガメもいます。俗に「ピンポン玉大」と呼ばれるこの大きさは、生後半年以内の子ガメ。とてもかわいいのですが、この大きさから元気に育てるのは至難の技。飼育経験のない初心者には、おすすめできません。初心者は、最低でも生後1～2年たっている、コブシ大以上の大きさのカメを選びましょう（ミドリガメなどのヌマガメは丈夫なので、子ガメから飼ってもOKです）。

また、カメにはWC、CBなどの表示がありますが、これはカメのプロフィールを表したもの。WC（Wild Caught）は野外で採取されたカメ、CB（Captive Born）は飼育下で繁殖されたカメです。外国産CBは海外で繁殖したカメ、国産CBなら日本で繁殖したカメという意味。

◆健康な子ガメを選ぼう

カメを買いに行くのは、カメが活動的な日中の時間帯がおすすめ。元気に動きまわったり、

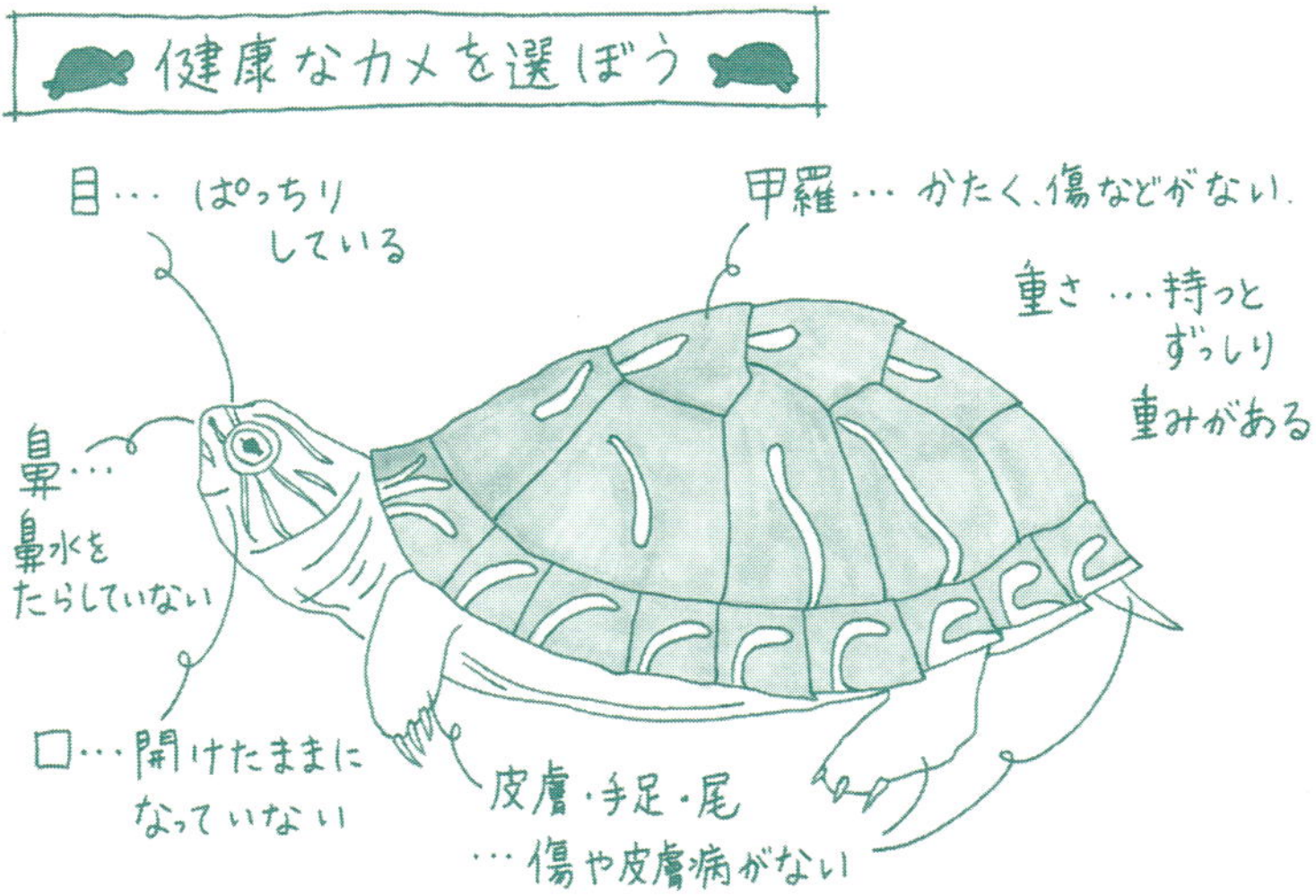
健康なカメを選ぼう
目…ぱっちりしている
甲羅…かたく、傷などがない
重さ…持つとずっしり重みがある
鼻…鼻水をたらしていない
口…開けたままになっていない
皮膚・手足・尾…傷や皮膚病がない

エサの食べっぷりがいい子ガメを選ぶのが基本です。また、持ってみたときに重みがあるほうがよいので、一緒にいる子ガメを何匹か比べてみて。持つとジタバタあばれたり、すばやく頭をひっこめるような元気さがあればOKです。体は次の箇所をチェックします。

①甲羅　甲羅は硬いのが健康な証拠。まだ小さな子ガメの甲羅はややわらかめですが、フニャフニャした感じや曲がったもの、フチがそっているものは避けます。

②目　はっきりと開いていて、まぶたが腫《は》れてウルウルしていたり、くぼんでいない。

③首・足・尾　皮膚が部分的に白っぽくなっていたら、皮膚病にかかっています。また、カビていたり、ヌルヌルしているのもダメ。

④体　かまれていたり、キズがないこと。

何匹飼う?

たくさんいたら楽しいけれど…。将来を考えて計画的に!

◆カメは1匹でもさみしくない!

きれいにレイアウトした水槽の中に、子ガメがいっぱい……。考えただけでも楽しい光景ですが、カメは大きくなったときが大問題。カメを日本の住宅事情の中で飼う場合、ただでさえケージが狭くなりがちです。そこに、多数のカメを飼うというのは、どう考えても無謀。それぞれのカメに広い環境を提供できるならともかく、まずは1匹で飼うのが基本です。

もしあなたが「カメは1匹でもさみしくないの?」と、心やさしく悩んでいるのだとしたら、その点は心配ありません。カメは食べた栄養を有効に使い、ムダなカロリーを消費しないために、繁殖期以外はエサを食べるためくらいしか動きません。あとは日光浴で甲羅干しをしたり、暑くなったら日陰に移動したりと、ひたすら自分の体にいいことをしているだけ。イヌやネコのように、兄弟や仲間、飼い主と遊ぶ必要はないのです。

◆カメを何匹も飼うときの注意

カメにはそれぞれ性格や個性があります。「同じミドリガメだから一緒でいいだろう」と複数のカメをケージに入れていると、気の弱いカメがかまれてケガをする流血の惨事（！）が起こることも。そんなときは、すぐにケージを分けてあげましょう。また、カメは種類によって快適な環境が異なります。基本的に、違う種類のカメを一緒に飼ってはダメ。

同種のカメを複数同じケージに入れるなら、その分広くしてあげること。ほかのカメの背中に乗って脱走しやすくなるので、深いケージにしたり、フタをつけるなど工夫を。

また、エサをあげるときも要注意。きちんとあげているのに、食べ損ねてしまうカメがいることもあるからです。どのカメがエサをちゃんと食べているのかわかりにくいのですが、成長が遅い子ガメがいたら、別にエサをあげるようにしましょう。

カメの気持ち

カメを飼い始めるのにいい季節ってあるの？

春になり、気候がよくなってくると動物たちも活発になります。カメは種類によって冬眠するもの、しないものがありますが、飼い始めるのは春がいいでしょう。

カメは意外に神経質なところもあります。性格的に繊細なカメだと、環境が変わってしばらくは、なかなかエサを食べないなんてことも。活動的な春のうちに飼い始め、新しい環境になれてもらったほうがいいのです。

また、冬は温度管理も大変。飼うほうも世話になれないうちに、飼ってすぐ冬がきてしまうのは心配。春はペットショップに子ガメの種類が多いので、その点でもおすすめです。

オス？メス？

子ガメのうちの判別は超難しい。オス・メスどっちを飼おうかな？

カメのオス・メスの判別は、ある程度大きくなるとはっきりしてきます。種類によっても違うのですが、一般的にいえるのは、尾の長さの違い。オスのほうが尾は太く長くなり、総排泄孔《そうはいせつこう》が少し甲羅より外側にあります。メスの尾は短く、付け根のあたりに総排泄孔があります。オスは交尾のときにメスにのるため、腹甲がややへこんでいるのも特徴です。

また、同じ種類でも、オスとメスとでは大きさが違います。水生ガメの多くはメスのほうが大きく成長しますが、ドロガメ、カミツキガメ、ワニガメなどはオスのほうが大きくなる種類。リクガメもオスのほうが大きくなるものが多いようです。アカミミガメやニシキガメは、爪で見分けることも可能。オスのほうが爪が長く、繁殖のときにメスの前で前足をふるような動作を見せることもあります。

カメは生殖器の病気が比較的少ないので、オスかメスかでどちらが丈夫だとか、または飼いやすいということはあまりありません。いずれにしても、子ガメのうちはオス・メスの区別は難しいので、オス・メスにこだわらず、気に入ったカメを選ぶといいでしょう。

オスとメスの見分け方

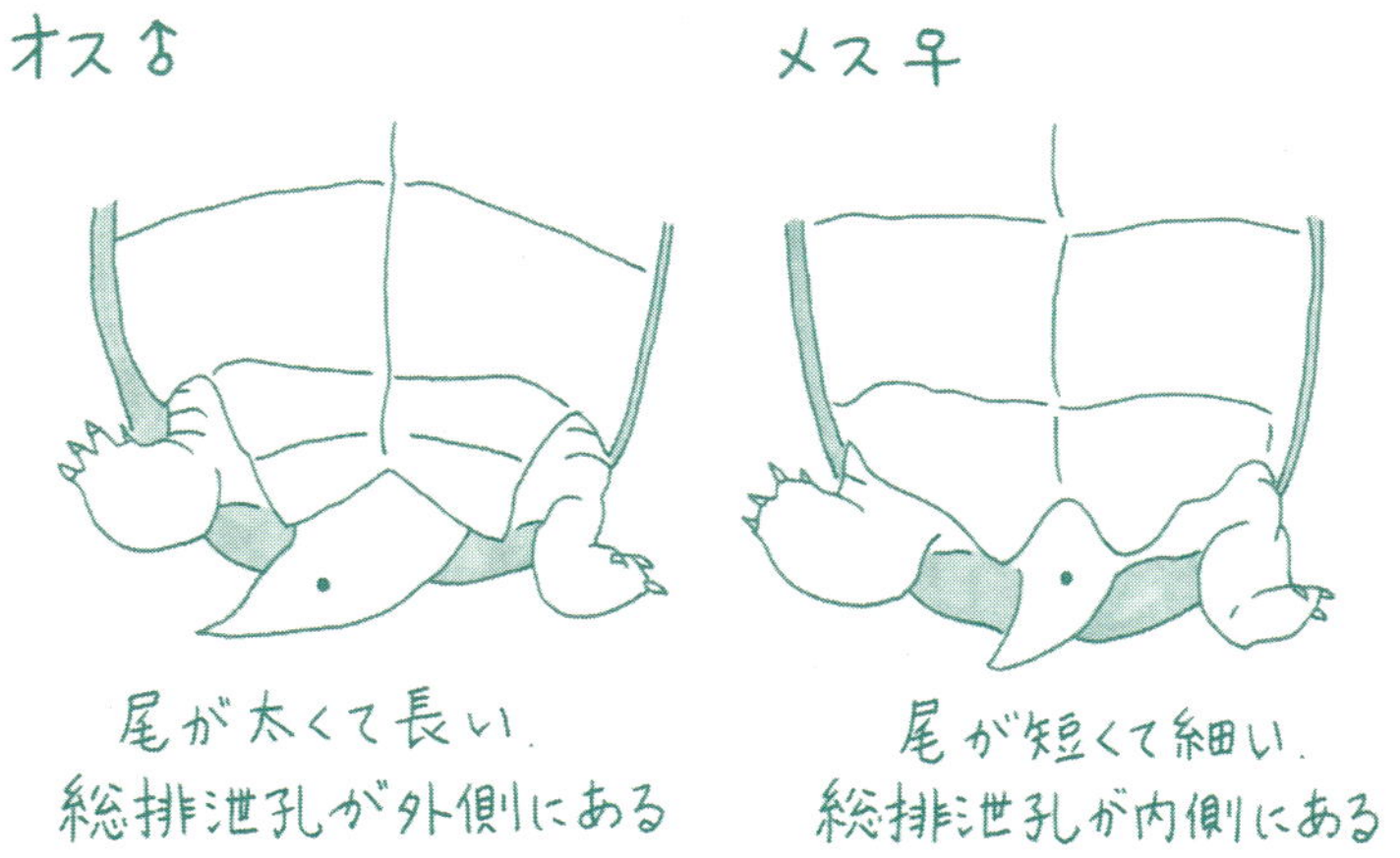
オス♂
メス♀
尾が太くて長い
総排泄孔が外側にある
尾が短くて細い
総排泄孔が内側にある

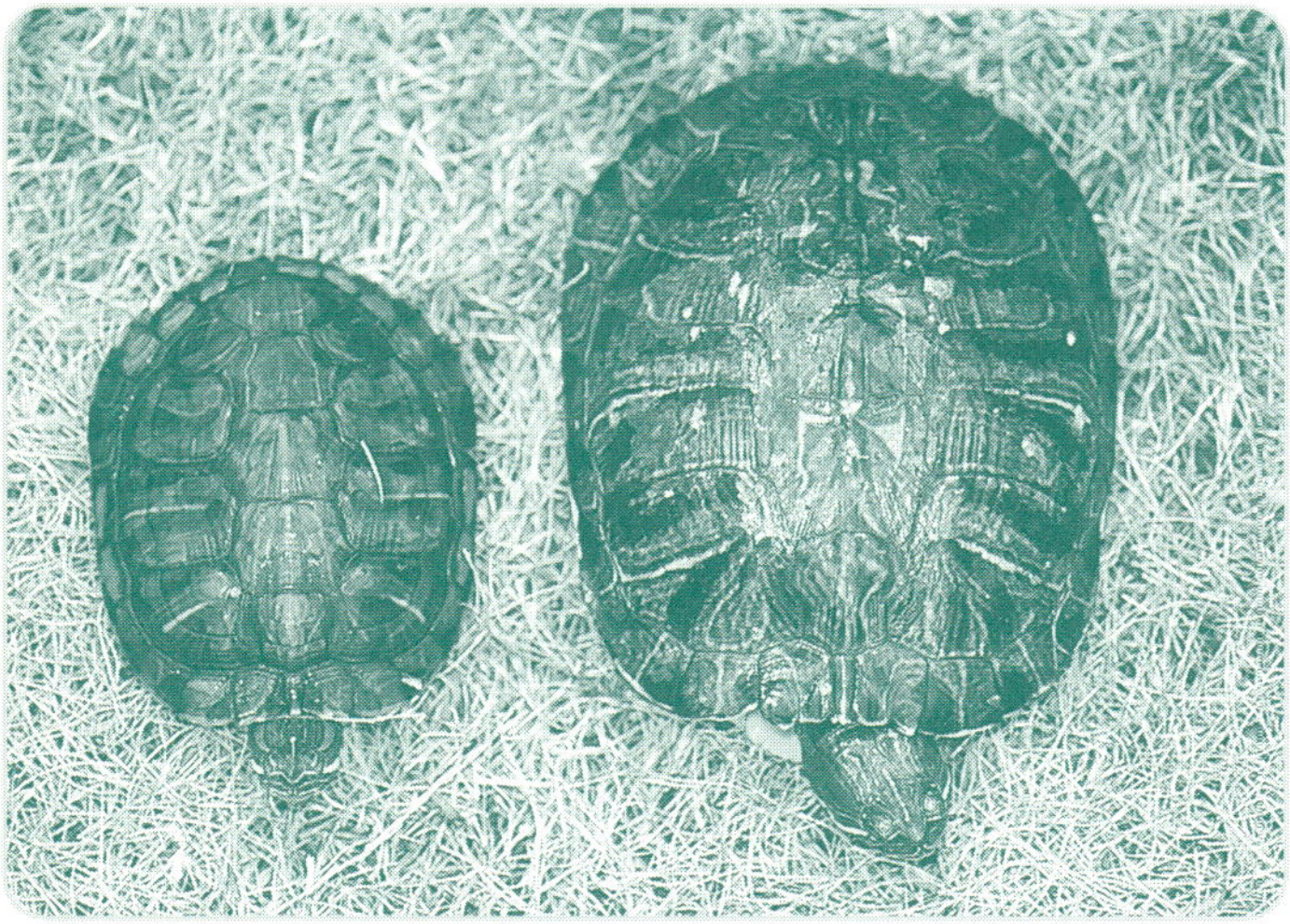

▲ミシシッピーアカミミガメのオス(左・15歳)とメス(右・15歳)。

COLUMN コラム

飼育にはお金がかかる…。カメ予算をたてよう

かわいいからと、つい安易にペットを飼ってしまう人もいるようですが、飼ったあとのことも考えておかないと大変です。

毎日の世話はどの程度必要なのか、留守中はどうするか、大きくなっても飼えるのかなどを検討するのは、基本中の基本。

さらにカメの場合は、人の住環境そのままでは生活できませんから、設備投資が必要です。

ケージにしても、はじめに買えばOKというわけではなく、カメが大きくなれば成長に合わせてかえなければなりません。水生ガメならろ過装置や水中ヒーター、陸生ガメならパネルやフィルムヒーターなど、温度や環境を整えるため、さまざまなグッズが必要です。

たとえば、紫外線を出す八虫類用のライトは1本6000円程度、パネルヒーターは大きさによりますが5000円から1万円程度します。そのほかホットスポット用のライトなど、カメの健康に欠かせない光と温度の環境設備だけで、軽く万単位になってしまいます。

長く飼ううちに、ライトの交換も必要ですし、もちろん、エサ代や電気代もかかります。

これらを考えて、きちんと「カメ予算」をたてておきましょう。なかには高価なカメもいますが、一般的なカメは、イヌやネコに比べれば比較的安く買えるペットです。でも、カメ以上に、グッズや飼育にお金がかかることを忘れずに。

「庭がない」「部屋が狭い」などの状況はどうしようもありませんから、できる範囲でお金をかけて工夫してあげることが大切ですね。

COLUMN

PART 2

恐竜時代の生き残り!?　カメの不思議にせまる!

歴史から生態まで、カメってこんな動物

カメはハ虫類

硬い甲羅がイチバンの特徴！ハ虫類に属するカメの仲間たち

カメは童話やたとえ話に登場するなど、私たち人間にとってとても身近な存在の動物。しかし、カメの歴史や動物としての生態となると、意外に知られていません。実際、陸地だけでなく池や川にも住むカメの仲間たちは、しばしば両生類とカン違いされることもあるようです。

カメ好きならご存知のように、カメは「ハ虫類カメ目《もく》」の生物。ヘビやトカゲ、ワニなどの仲間です。カエルなどの両生類と大きく違うのは、角質のうろこを持っているという点。このため水の中だけでなく、陸地で活動しても、乾燥してひからびることはありません。ハ虫類の中で両手両足を持ち、肋骨《ろっこつ》と脊椎骨《せきついこつ》がつながった甲羅を持っているのがカメ目。産卵によって繁殖し、外気温に合わせて体温が変わる変温動物である点も大きな特徴です。

カメ目はさらに、曲頸《きょくけい》亜目と潜頸《せんけい》亜目に分かれます。曲頸亜目はヘビクビガメ科とヨコクビガメ科の2種。長い首を横に折り曲げるようにして甲羅にしまうカメで、南半球に生息しています。おなじみのミドリガメなど、多くのカメは潜頸亜目。首は短めで、甲羅にしまうときは縦に引っ込めます。本書で紹介するヌマガメ科とリクガメ科のカメは、潜頸亜目に属します。

カメ目の分類

目	亜目	科	主な種
ハ虫類カメ目	曲頸亜目	ヘビクビガメ科	ジーベンロックナガクビガメ、マタマタなど
		ヨコクビガメ科	ヌマヨコクビガメ、マダガスカルヨコクビガメなど
	潜頸亜目	ドロガメ科	トウブドロガメ、カブトニオイガメ、ヒメニオイガメなど
		カワガメ科	カワガメ
		スッポンモドキ科	スッポンモドキ
		スッポン科	ニホンスッポン、スベスッポンなど
		オサガメ科	オサガメ
		ウミガメ科	アオウミガメ、アカウミガメ、タイマイなど
		カミツキガメ科	カミツキガメ、ワニガメなど
		オオアタマガメ科	オオアタマガメ
		ヌマガメ科	ミシシッピーアカミミガメ、クサガメ、ニホンイシガメ、セマルハコガメなど
		リクガメ科	ギリシャリクガメ、ホルスフィールドリクガメ、ケヅメリクガメ、ヒョウモンガメ、ホシガメなど

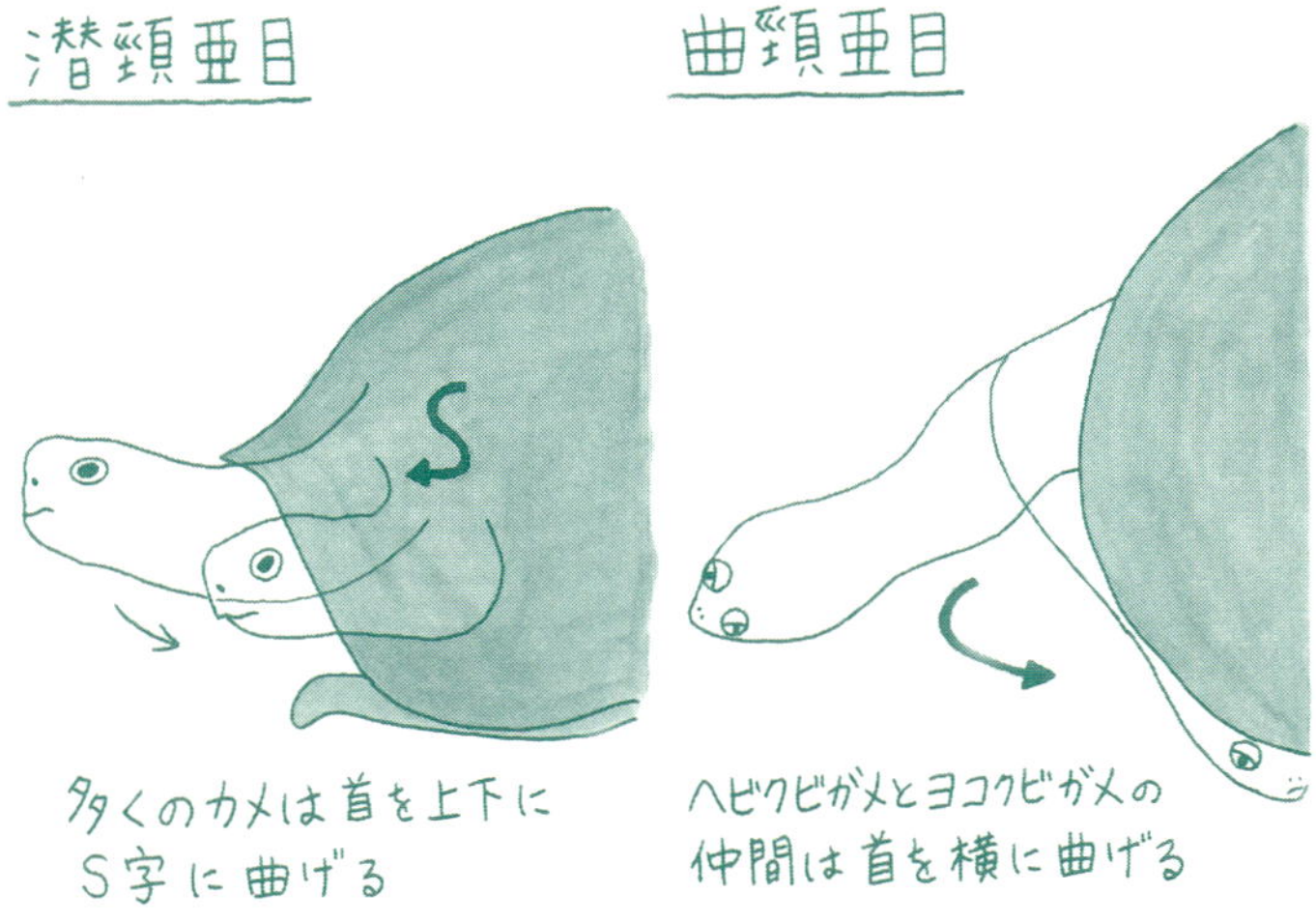

潜頸亜目
曲頸亜目
S
多くのカメは首を上下にS字に曲げる
ヘビクビガメとヨコクビガメの仲間は首を横に曲げる

カメの歴史

恐竜よりも昔から生きていた!? 謎に包まれているカメの歴史

◆カメは恐竜の生き残り!?

ゴツイ甲羅から手足を出して歩くカメの姿は、どことなく恐竜チック。カメをモデルにした怪獣「ガメラ」からもわかるように、カメのルックスはなんとも個性的。ハ虫類のなかで唯一、甲羅を持っている生物であるカメは、進化の歴史も興味あるものといえるでしょう。

ハ虫類の祖先といえば恐竜ですが、なかでもカメには、ごく初期のハ虫類と共通の特徴があるのです。絶滅した初期のハ虫類は、頭骨に眼と鼻以外の穴がなく「無弓亜綱《むきゅうあこう》」と呼ばれます。カメも同じように、頭骨に穴がない「無弓亜綱」です。つまり、恐竜が存在したごく初期の段階から、カメの仲間は存在していたというわけ。しかも、すでに甲羅のあるハ虫類であったことがわかっています。無弓亜綱の生物は大半が絶滅しており、いってみればカメは「初期の恐竜の生き残り」ということもできるでしょう。

無弓亜綱よりあとから現れたハ虫類は頭骨に穴があり、「双弓亜綱《そうきゅうあこう》」と呼ばれます。ヘビやトカゲといったハ虫類は、この双弓亜綱から進化したとされています。

◆昔のままの姿で生き抜いてきたカメ

甲羅を持った八虫類、最古のカメは、約2億2千万年前に生息していたといわれています。これは、ヨーロッパで発見された、プロガノケリスの化石で確認されたもの。プロガノケリス亜目はすべてのカメの祖先というよりは、進化途中のカメのひとつとされています。ほかに、東南アジアや南北アメリカ大陸でも、プロガノケリスの化石が発見されています。

化石によると、この時代のカメは現代と同じような甲羅を持ち、歯があること以外はほぼ変わらない形態だったようです。カメはそのとてつもなく長い歴史を、進化することなくほぼ同じ形のまま、生きてきたことになります。

カメの生息地

陸に水に、世界中で暮らしている。日本原産の種類もいるゾ！

日本でカメといえば、池や沼にいるヌマガメが一般的。だから、カメと水は切っても切れない関係というイメージがあるのでは？　でも、カメの中には、草原など比較的乾燥した陸地に住むリクガメなど、ほとんど水に入らないものもいます。ほかにも沼地や森などの湿地に住むヌマガメ、池や川に住み陸にもあがるヌマガメ、ほぼ海中で生活し産卵期のみ陸にあがるウミガメなど、カメの生息地の環境は、実にバラエティ豊か。こうしたさまざまな環境に対応する仲間を持つカメは、温帯から亜熱帯・熱帯を中心に、世界中に生息しているのです。甲羅を持った骨格こそ共通していますが、生息環境によって甲羅や足の形などは微妙に違っています。

もともと日本に生息するカメには、ニホンイシガメ、ミナミイシガメ、クサガメ、リュウキュウヤマガメ、セマルハコガメがいます。いまでも自然の水辺にイシガメやクサガメが多少はいるのですが、より強いミシシッピーアカミミガメに負けてしまい、数は相当減っています。また、沖縄原産のリュウキュウヤマガメは、天然記念物に指定されています。セマルハコガメも日本産は天然記念物になっており、ペットとして飼えるのは中国などからの輸入個体です。

カメの気持ち

なぜミドリガメは人気ものになったか

日本でミドリガメがこんなにも有名になったのは、昭和40年代前半のこと。お菓子の景品として「アマゾンのミドリガメ」のキャッチフレーズでテレビCMに登場し、子どもたちの人気者になったのです。実際に景品になっていたのはコロンビアクジャクガメだったようですが、これをきっかけに同じ亜種のミシシッピーアカミミガメも大量に出回ったのです。ミシシッピーアカミミガメは今では日本で完全に帰化しており、自然の池でもっとも多く見られるカメになりました。ちなみに、コロンビアクジャクガメもアカミミガメもアメリカ産で、アマゾンにはいません！

体のしくみ

甲羅と骨格はどうなっている？体のつくりを徹底分析する

◆体型から呼吸まで独自のワザを持つカメ

敵から逃れるときに、立派な鎧《よろい》となるのがカメの甲羅。すばやい逃げ足を持たなくても、甲羅で身を守れるのがカメの特権です！　カメの甲羅は背中側を背甲《はいこう》、お腹側を腹甲《ふっこう》といい、背甲と腹甲は左右の骨橋《こつきょう》によって合体した状態。骨橋のない前と後ろから首と足、尾を出しているわけですが、飼育ガメの中には「肥満のせいで甲羅に入れない…」なんてカメがいることも。もっとも、ワニガメやオオアタマガメなど、はじめから頭が引っ込まないタイプ、ウミガメやスッポンモドキのように頭も足も引っ込まない種類もいます。

カメは背骨を持つ脊椎動物ですが、背骨は背甲の内側に通っていて、肋骨とともに背甲を支えています。一見、背中にしょっているように見える甲羅ですが、カメの体をきちんと包み込んでいるというわけ。もちろん、甲羅をスッポリ脱ぐなんてことはできません。

そして、呼吸は鼻孔から空気を吸い込む肺呼吸です。水面に鼻を出して呼吸する姿が見られますが、水中での皮膚呼吸も可能。また、咽喉《いんこう》部と総排泄孔の粘膜を通して水に溶けている酸素を利用するという呼吸法もあるため、水中で冬眠もできるのです。

カメの甲羅

ヌマガメの場合

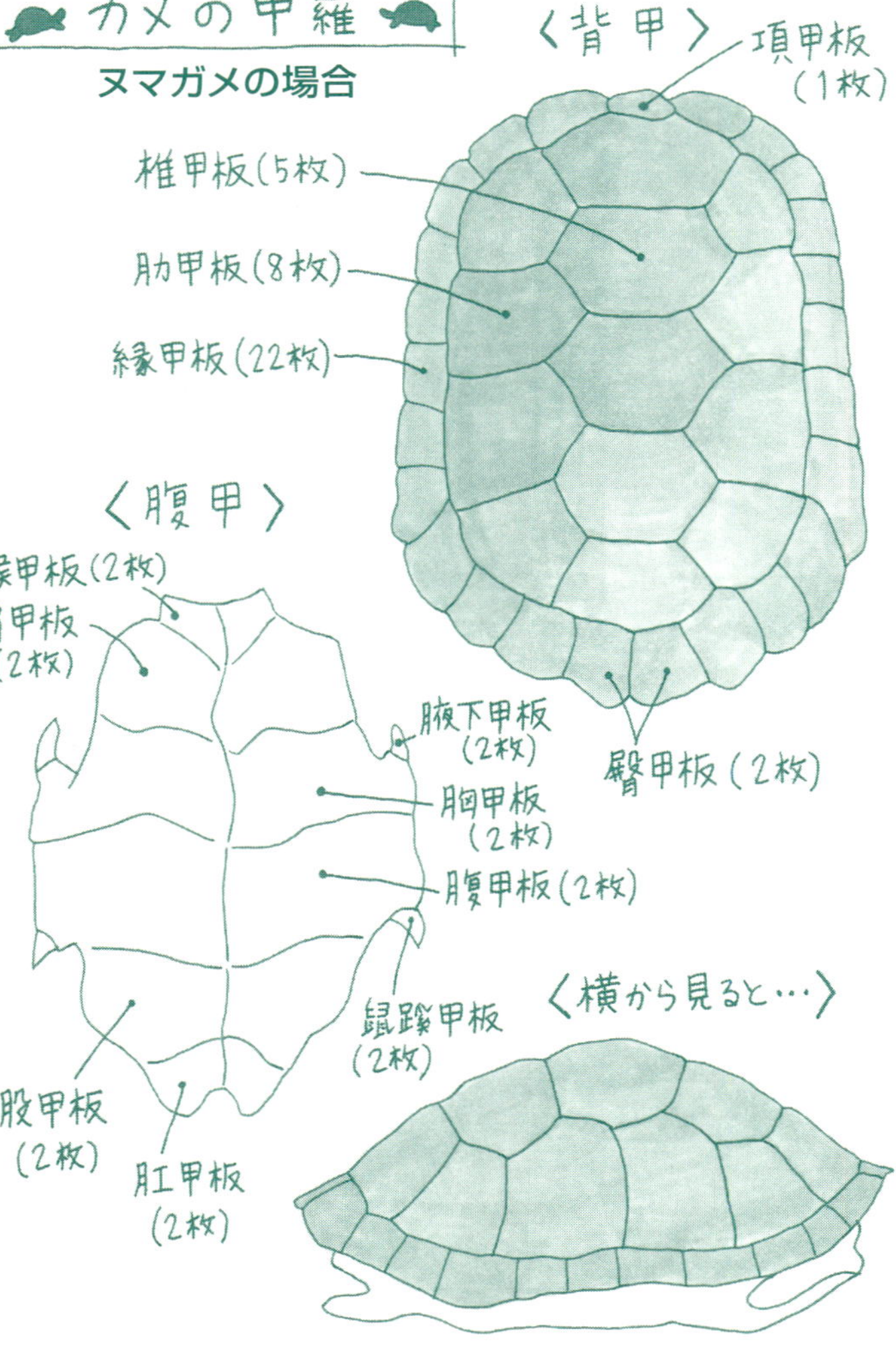
〈背甲〉
項甲板（1枚）
椎甲板（5枚）
肋甲板（8枚）
縁甲板（22枚）
臀甲板（2枚）
〈腹甲〉
喉甲板（2枚）
肩甲板（2枚）
腋下甲板（2枚）
胸甲板（2枚）
腹甲板（2枚）
鼠蹊甲板（2枚）
股甲板（2枚）
肛甲板（2枚）
〈横から見ると…〉

◆カメの甲羅は骨と同じ!?

カメの甲羅は、二重構造になっています。甲羅の内側は骨と同じ骨板ででき、表面に出ている外側は角質板でできているのです。

骨板は骨と同様に、おもにカルシウムでできたもの。カメは甲羅にも骨を持っているようなものなので、それだけカルシウムを多く必要とするわけですね。角質板は人間の爪に似たもので、幼体のときはやわらかく成長ともに硬くなります。ただし、水中で生活するスッポンなど、外側の角質板がなくて甲羅が軽く、やわらかいものもあります。

甲羅は色や形、模様に種類それぞれの個性が出るところ。カルシウムやビタミンに気をつけたエサと、光や温度管理の世話をしっかりして、健康な甲羅を保ってあげましょう。

カメの気持ち

甲羅がはがれる!? 皮膚と甲羅の脱皮

大事な甲羅がボロボロになってきた! そんなことがあっても、下からきれいな甲羅が現れるようなら心配しないで。これは単に、甲羅が脱皮したため。ヘビのように形を残した脱皮とは違い、甲羅の甲板が、1枚ごとにバラバラにはがれてくるのです。リクガメはヌマガメより気づきにくいのですが、脱皮はしています。もし、はがれたあとが汚く傷んでいたり、甲板ごとにはがれないのは皮膚病の可能性大。病院で診てもらいましょう。

また、カメの頭や手足もウロコで覆われていて脱皮します。ヌマガメは、脱皮中の白い皮膚がふよふよとついていることもあります。

カメの体

背甲
鼓膜
鼻孔
口
前足
腹甲
うしろ足
尾
総排泄孔

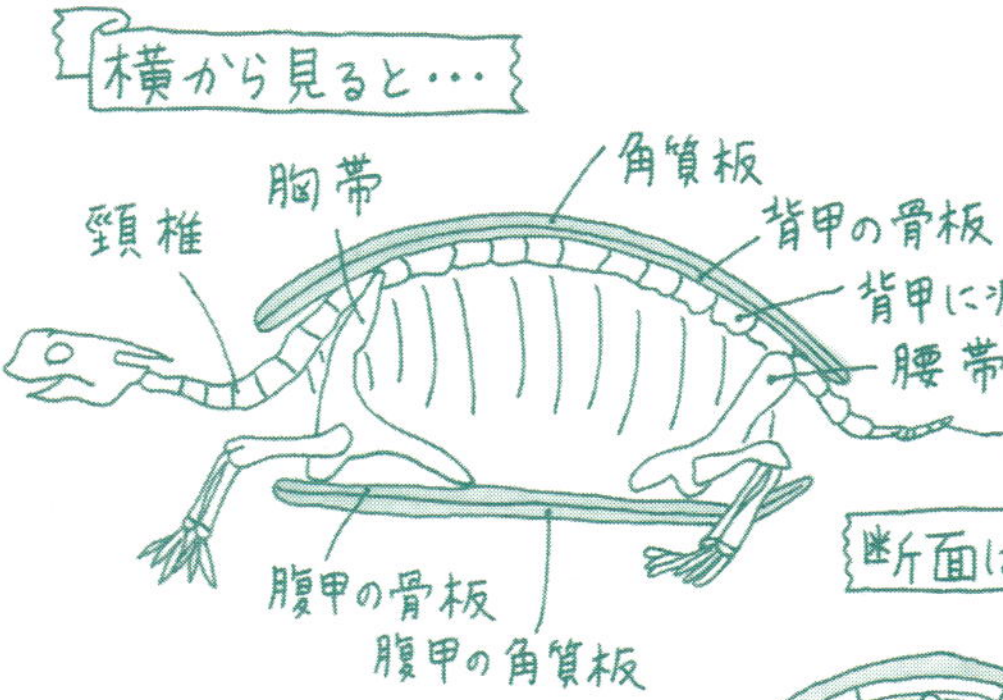
横から見ると・・・
角質板
胸帯
頸椎
背甲の骨板
背甲に癒合した椎骨
腰帯
尾椎
腹甲の骨板
腹甲の角質板

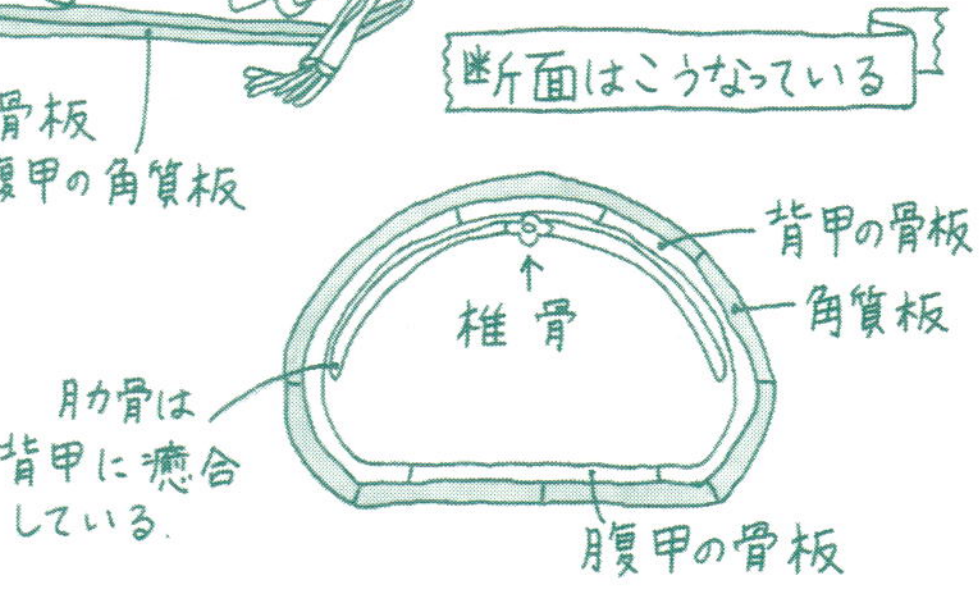
断面はこうなっている
背甲の骨板
椎骨
角質板
肋骨は
背甲に癒合
している。
腹甲の骨板

飼育のコツ

カメを健康に飼うために必要不可欠な3つのポイント

◆カメに喜んでもらえる生活環境とは?

かわいいカメたちを家に迎えたら、できるだけ快適に元気に過ごしてもらいたい! でも、この「カメにとって快適」というのが、実はなかなか難しいのです。部屋の居心地や気温にしても、イヌやネコなら「人が気分いい環境ならOK!」という考えも、ある程度は通用するでしょう。しかし、ハ虫類であるカメたちはどうかと考えると……?

そこでまず手始めに、そのカメが「野生ではどんな環境で生きているのか」から、考えてみましょう。ケージ作りも温度管理も、ここからスタートです。たとえば、ヌマガメなら水はもちろん、カメが日光浴する陸場も必要。水がいらないといわれるリクガメにしても、森や沼地など湿った陸地に住むものもいれば、比較的乾燥した土地に住むものもいます。それによって床材を選んだり、水場を作るか飲み水を置くだけにするのかなどの変化で、ケージ内の湿度を調節することもできますね。「すべてを自然環境と同じに!」なんてことは無理ですが、可能な範囲で快適な環境を作ってあげたいもの。カメが元気に気持ちよく暮らせるか、それともただ単に生き長らえていくだけなのかは、すべてあなたの環境作りにかかっているのです。

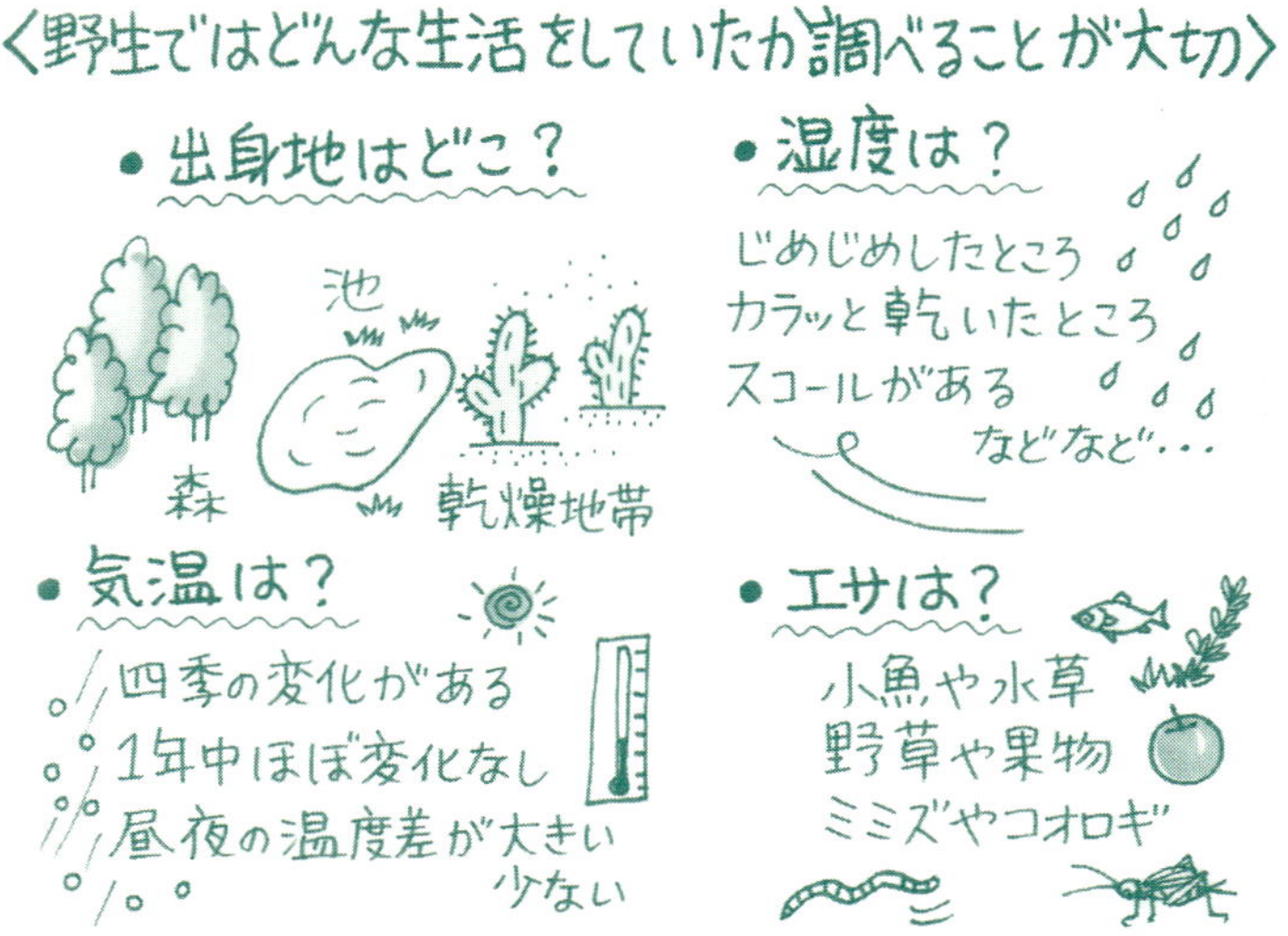
〈野生ではどんな生活をしていたか調べることが大切〉
・出身地はどこ？
池
森
乾燥地帯
・湿度は？
じめじめしたところ
カラッと乾いたところ
スコールがある
などなど…
・気温は？
四季の変化がある
1年中ほぼ変化なし
昼夜の温度差が大きい
少ない
・エサは？
小魚や水草
野草や果物
ミミズやコオロギ

◆キーポイントは「光・温度・エサ」

カメの健康を左右する大切な飼育ポイントは「光・温度・エサ」の3つです。

光の世話は、ハ虫類には欠かせないもの。自然界では当然、日光でまかなっているのですが、室内飼育であれば、紫外線を照射するハ虫類用ライトなどを使う必要があります。温度管理もまた、変温動物であるカメにとって、大変重要なものです。ヒーターやスポットライトなどで、カメの種類にあった適切な温度をセッティングしなければなりません。ただ暖かければいいというものではないので、年間を通してチェックが必要。

エサに関しても、カメ用の配合飼料だけでは十分とはいえません。野菜や生き餌なども含め、内容を充実させてあげましょう。

ポイント1　光

◆カメはどうして日光浴をするのか？

春から秋にかけての晴れた日の池などでは、カメが石の上で日光浴をしている光景が見られます。日の光をいっぱい浴びている姿は、これぞ本当の甲羅干し！　とてものどかな光景ですが、カメはただ、無意味に時間をつぶしているわけではありません。

カメの日光浴は、体を温めて体温を上げるために必要不可欠な日課。カメは変温動物ですから、日光で体温を上げてから徐々に活動を始めるのです。さらに、甲羅を日光で干すことによって、殺菌作用が働いて皮膚病や寄生虫を防ぐという効果もあります。

また、カメは甲羅や骨を作るために多くのカルシウムを必要としますが、このことも日光浴と深い関係があるのです。カメは日光で紫外線を浴びることによって、体内でビタミンD_3を合成し、食べ物で摂取したカルシウムの吸収を助けます。つまり、紫外線を浴びないとビタミンD_3が不足し、せっかくカルシウムを摂取しても吸収できないのです。カルシウム不足になると、甲羅が曲がったりやわらかくなるクル病、腎不全、代謝性骨疾患などいろいろな病気の原因になります。

このようにカメの日光浴は、成長と健康のために大切な役割を果たしているのです。

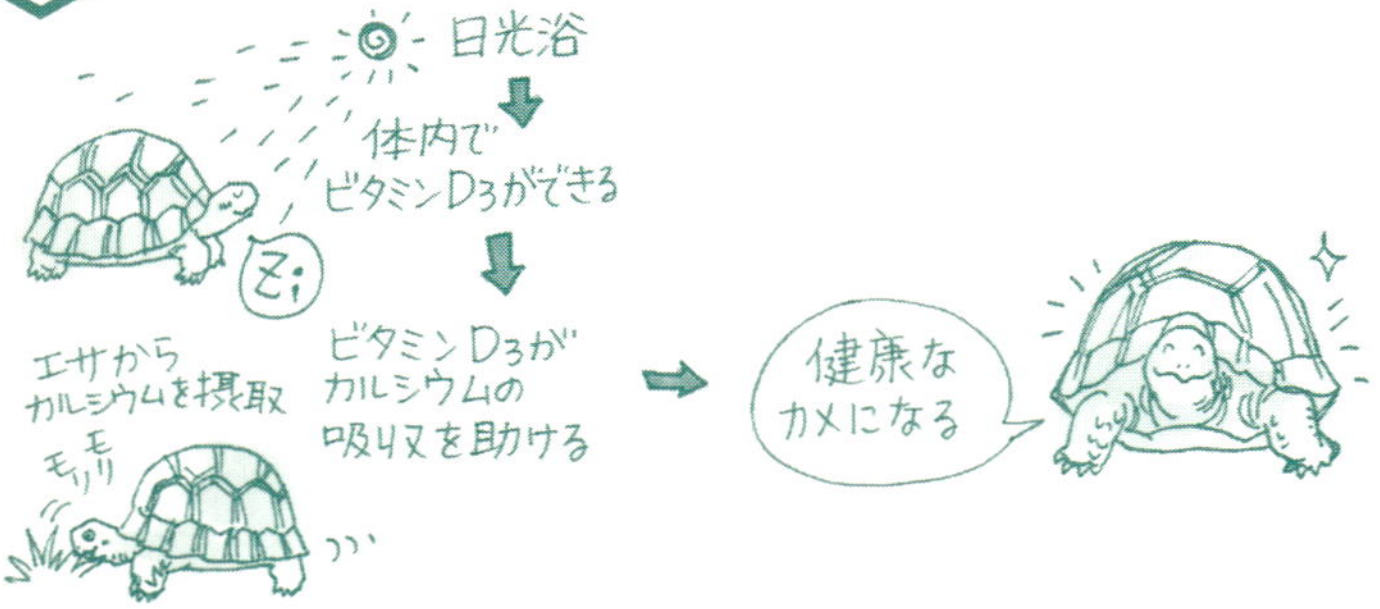

紫外線の分類と働き

	波　長	働　き
UVA	320〜400nm	脱皮促進、食欲増進
UVB	280〜315nm	ビタミンD_3生成、色素沈着
UVC	100〜280nm	殺菌作用、紅斑作用（日焼け）

※ハ虫類にとってはUVBがもっとも大切だといわれている。

◆ガラスごしの日光ではダメ！

屋外の池や庭で飼うなら、カメは本能の命じるまま、自由に日光浴ができます。でも、室内で飼う場合は、日光のかわりに「光」を与えなければいけません。これが、ハ虫類用ライト（フルスペクトルライト）の役割です。太陽光の代用ですから、ただライトがついて明るいというだけではダメ。紫外線が出るライトであることが重要なのです。

日当たりのいい場所にケージを置けば、室内でも日光はあたりますが、ガラスは紫外線をほとんどカットしてしまいます。「毎日、ベランダで日光浴をさせる」などの工夫ができない限り、室内飼いではハ虫類用ライトを使うことが必須条件。もちろん、「ライト使用＋日光浴」ならよりいいですね。

ポイント2　温度

◆ケージ内にも温度差をつけよう

カメに適した温度設定は、単純に「約何度ならＯＫ」といえるものではありません。種類によって適温が違うのはもちろんのこと、昼と夜の温度差をつけることや、場所によって温度勾配をつけることも必要だからです。

カメは変温動物のため、外気温によって体温を左右されます。日光浴をして体温をあげたり、逆に暑くなれば日陰や水中に入ったりと、自分で体温調節のために環境を選んで過ごしているのです。ですから、温度の違った環境の中を、カメが自由に移動できるのが理想。ケージをベランダに置いたり、屋外で飼う場合は、日光が当たるだけでなく日陰もかならず作ること。

室内のケージで飼う場合も、ケージ内すべてを一定の温度にしてしまうと、カメにとってストレスになります。全体の最低温度を保ちながら、さらに温かいホットスポットを作るようにしましょう。ホットスポットには、バスキングライトなどと呼ばれるスポットライトを使うと便利。ケージの片隅にスポットをあてて高温にし、カメが体を温めるポイントにします。

水場と陸場など各ポイントごとに温度計をつけ、一定時間だけでなく１日の最低温度から最高温度までをチェックすることが大切です。

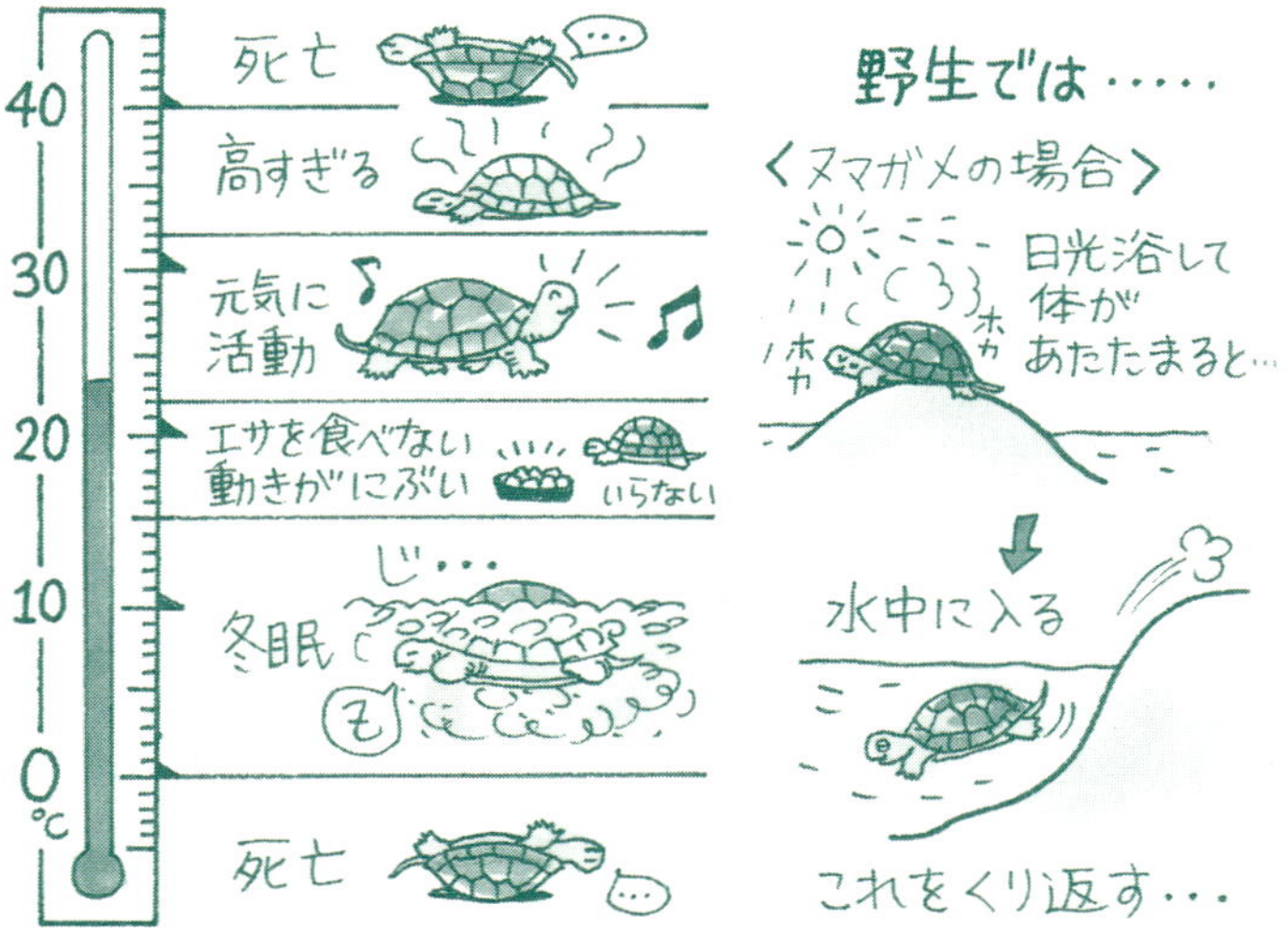
死亡
40
高すぎる
30
元気に活動
20
エサを食べない
動きがにぶい
いらない
10
じ…
冬眠
0℃
死亡
野生では……
〈ヌマガメの場合〉
日光浴して体があたたまると…
ポカ
ポカ
水中に入る
これをくり返す…

◆温度管理には細心の注意を！

カメたちの活動は、気候の変化に大きく影響を受けています。

ヌマガメや温帯のリクガメは、もともと四季の温度変化がある環境に生息している種。1日の中で、昼夜の温度変化もある程度必要です。また、温帯のカメは冬は冬眠するものが多いのですが、飼育下で冬眠させない場合は保温して冬越しをさせましょう。

亜熱帯・熱帯のリクガメは、1年中温度変化の少ない環境で過ごしている種類です。冬眠はさせず冬も室温を温かくし、1日の温度差も少なめにしてあげます。

カメは環境の温度が低すぎると活動が鈍り、食欲がなくなったりします。逆に暑すぎると熱射病になるので、真夏も注意しましょう。

ポイント3　エサ

◆いろいろなエサをあげよう！

カメに限らず、ペットを飼う上で最も気になることのひとつが、「エサは何をあげるのがベストなのか？」ということ。カメのエサは、今でこそヌマガメ用、リクガメ用などの配合飼料が出ていますが、かつてはドッグフードやキャットフード、九官鳥のエサなど、さまざまなものが試されていました。しかし、これらのフードにはタンパク質のとりすぎなどの問題がアリ。大切なのは「これさえあげれば！」という万能なエサを探すよりも、カメの種類と生活環境に応じたものをバリエーション豊富にあげること。カメは代謝性骨疾患やビタミン欠乏症などの栄養疾患になりやすいため、カルシウム剤やビタミン剤も、上手に活用するとよいでしょう。

◆カルシウム不足はカメの健康の大敵！

カメの食性の特徴は、カルシウムの必要性が大きいこと。ヌマガメはエサの中でとるカルシウム対リンの比率が1.5対1、リクガメにいたっては4〜5対1が、体内でカルシウムを吸収するためには理想とされています。さらに、カルシウムの吸収にはビタミンD_3も大切で、これらの条件がそろわないと、代謝性骨疾患などの病気が心配になってきます。かといって、カルシウム剤ばかり投与しても石灰沈着や結石の原因になるので、バランスよくあげることが大切です。

●エサのカルシウムとリンの
理想的なバランスは…
〈リクガメの場合〉
〈ヌマガメの場合〉
カルシウム　リン
4～5 対 1
カルシウム　リン
1.5 対 1

COLUMN

コラム

世界最長老のカメ、最大のカメは？

「カメは万年」といわれるほど、長生きの代名詞になっているカメ。実際、30年以上も生きたというヌマガメの例があるように、健康なカメはとても長生きです。なかには、「おじいちゃんから受け継いだカメを飼っている」なんて飼い主さんもいるのでは？

実は、野生のカメの寿命は、はっきりとわかっていません。

飼育下での寿命は、種類や環境などによってかなりの幅があるようですが、ヌマガメで20～30年以上、リクガメだと50年とも100年以上ともいわれています。

なかでも長生きなのは、ゾウガメなど大型のリクガメたち。現在生息しているゾウガメは、ガラパゴスゾウガメとアルダブラゾウガメの2種。どちらも甲長が120～130センチにもなる大型カメで、体重は200キロを軽く越えます。ゾウガメは200年以上生きたものがいるといわれていますが、はっきりした記録は残されていません。

飼い主より長生きしてしまう可能性があるカメたち。そんな彼らに本来の寿命どおり長～く生きてもらえるように、がんばって世話をしてあげましょう。

カメのなかで体がもっとも大きいのは、海に生息するオサガメで、甲長が約2メートル。1988年にイギリスの海岸に打ち上げられたオサガメは、甲長が2メートル91センチ、体重961キロという巨大さで、ギネスブックに載っています。ちなみに、リクガメの中での最大は、ガラパゴスゾウガメです。

COLUMN

PART 3

飼育を成功させる環境作り＆世話の極意

子ガメが家にやってきた！

ヌマガメを飼おう！

すいすい泳いだり、じっと日光浴したり、とてもかわいいヌマガメたち。子ガメを元気に育てるためのコツを紹介します。

飼育グッズ

子ガメの飼育に必要なグッズを用意しよう

カメを健康に飼うには、何よりも適切な環境作りが大切です。温度や光の状態など基本的な環境を整えるため、必要なグッズをそろえましょう。

◆飼育容器を選ぶ

ヌマガメ科のカメには、水中で過ごして陸にも上がる水生ヌマガメと、湿った陸地に住む陸生ヌマガメがいます。ケージは、水槽やプラケースが便利です。

小さな子ガメのうちは、ペットショップで売られている「スターターキット」や昆虫用の小さめのプラケースでも飼えますが、カメが成長してケージが狭くなるのは時間の問題。ライトの取り付けやすさも考えると、できればはじめから横60センチ以上の容器にするのが理想です。

◆陸場を作る

水生ヌマガメは、水から出て日光浴するための陸場が必要。体をのせるのに十分な広さで、かつ子ガメでも登りやすいように作ってあげましょう。

【飼育容器】

子ガメのうちは30センチくらいでもOK。
成長に合わせて大きな容器にチェンジする。

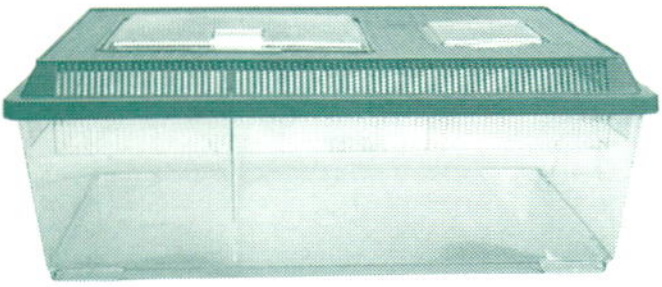

プラケース
昆虫用のプラケースは、軽くて安いので便利。子ガメ(甲長5センチ以下)は、これでもOK。

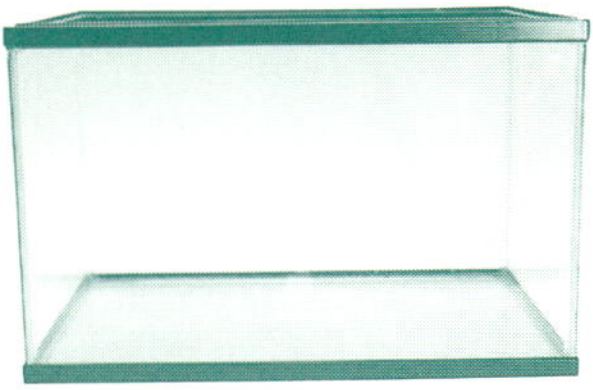

水槽
45～60センチ水槽。60センチ水槽ならミドリガメ1匹で約5年くらいまで飼える。

【陸場】

水生ヌマガメはかならず陸場を作る。子ガメが登りやすいように工夫してあげよう。水槽と陸の間にカメがはさまれないように設置。

レンガ
子ガメのうちは登りやすいように薄いものと併用するとよい。

砂利
自然にスロープが作れるので子ガメの陸場作りに便利。不衛生になりやすいので、こまめに水がえとそうじをすること。

カメ島
子ガメには市販のカメ島が便利。陸場とカメが隠れるシェルターの両方に使えるタイプもある。

◆エアレーションで水質をきれいに保つ

水生ヌマガメの場合、水を入れて飼うので水がえが必要です。子ガメのうちは水深が浅いので、水中にろ過装置を入れるのはちょっとムリ。まだ水槽も大きくないので、水がえはそれほど大変ではありませんが、少しでも水質をきれいに保ちたいならエアレーションをするのがおすすめ。これは金魚などの水槽の水に空気を送るものですが、水が動くことによって、水が汚れるのを防ぐ効果があるのです。

◆陸生ヌマガメは床材を選ぶ

ハコガメの仲間など陸生ヌマガメは、基本的にはケージ内をすべて陸場にします。ある程度の湿度も必要なので、湿度を保てる床材を入れるといいでしょう。手軽に利用できるのは、園芸店で売られている赤玉土や水ゴケ、ヤシガラなど。適度に湿らせて使います。ハ虫類専用の土も市販されていますが、陸生ヌマガメに使うなら湿り気を保つ専用土がいいでしょう。

水生ガメは水中でエサを食べますが、陸生ガメには、エサ入れと水入れが必要です。

◆シェルター

シェルターはカメが体を隠し、安心して過ごすために必要なもの。植木鉢を半分に割ったり、市販のシェルターを利用するとよいでしょう。水生ガメの場合は、シェルターの上が水面から出るようにしてあげれば、陸場と兼用することも可能です。

【エアレーション】

水に空気を送ることで、水が汚れにくくなる。エアポンプにチューブをつなげ、先にストーンをつけて水中にセットする。

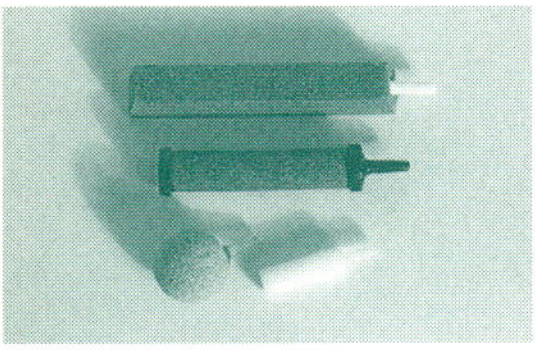

エアストーン
丸型や角型、棒状などがある。

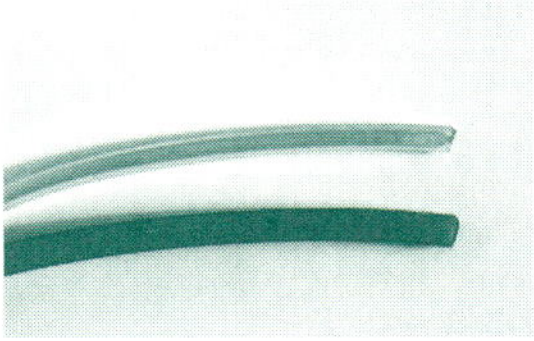

エアチューブ
透明タイプが一般的。

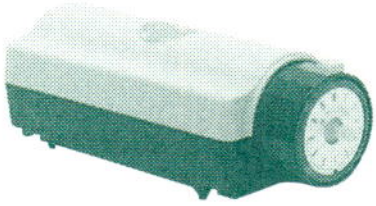

エアポンプ
静音タイプのものがおすすめ。

【床材など】

陸生ヌマガメには床材が必要。シェルターは水生、陸生両方のカメたちに作ってあげよう。

シェルター

カメが隠れられる大きさが必要。市販品や植木鉢を半分に割ったものなどを利用しよう。

床材
水場のいらないハコガメはある程度の湿度が必要。湿り気を保てる素材を選ぼう。

赤玉土

ヤシガラ

水ゴケ

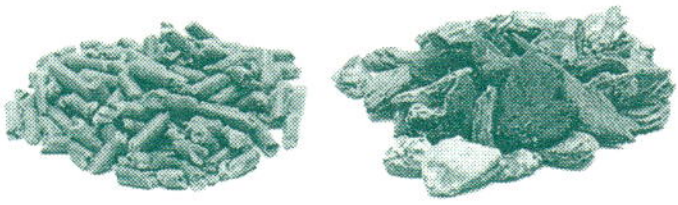

市販のハ虫類用の床材

エサ・水容器

陸生ヌマガメのエサ入れ用。水入れ兼水浴び用など。

◆日光のかわりになる紫外線ライトを用意

カメ用ケージに忘れてはならないのが、光のグッズです。カメを室内で飼うときは、紫外線不足にならないよう、ハ虫類用ライトを設置しましょう。ハ虫類用の蛍光灯は、普通の蛍光灯や電球とは違い、ハ虫類に必要な紫外線を出すものです。これは体を温めるためではなく、太陽の代替品として、室内飼いのカメには絶対に必要です。

ソケットとライトは別売りなので、サイズとともにライトのワット数もチェックして合わせて買うこと。ソケットは熱帯魚用の蛍光灯をつけるグッズを代用すると便利です。ライトは15ワット、20ワット、40ワットなどがあり、水槽の大きさなどに合わせて選びましょう。

◆温度管理のグッズを選ぶ

紫外線を出すライトのほかに、温度を管理するグッズも必要です。温度管理には、部分的に温かいホットスポットを作るもの、ケージ全体を温めるものがあります。

室内飼いのカメには、太陽のかわりに体を温めるスポットライトが必要です。バスキングライトやレフ球などで、ホットスポットを設置。温度計をつけて温度管理をしてください。

また、秋から春にかけての寒い季節には、ケージ全体の温度管理が重要です。水生ヌマガメは、子ガメのうちは水深が浅いので水中ヒーターは使えません。水生ヌマガメ、陸生ヌマガメとも、暖かい部屋にケージを置くか、ケージごとペットヒーターなどにのせて温めましょう。

【光】

太陽光のかわりに紫外線を出すライト。
ハ虫類用に市販されているものを選ぶ。

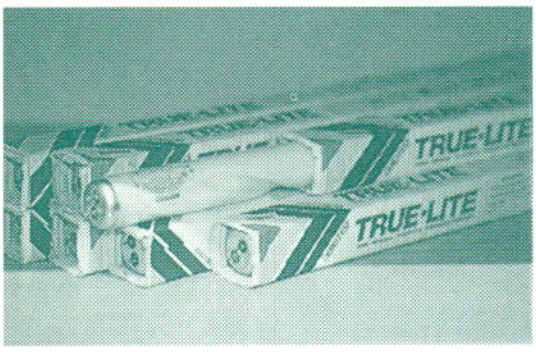

ハ虫類用ライト
フルスペクトルライト、トゥルーライトなどと呼ばれ、太陽光に近い紫外線を出す蛍光灯。

ソケット
ハ虫類用ライトを取り付けるためのソケット。水槽に合わせて45、60、90センチ用などがある。

【温度】

カメが生活しやすい温度を保つためのグッズ。快適な温度範囲を維持しよう。

スポットライト
バスキングライト、レフ球などをケージにしっかりセットする。

パネル&フィルムヒーター
水生ヌマガメはケージの下に設置。陸生ヌマガメは床材の下かケージの下に置く。ケージ全体を温める。

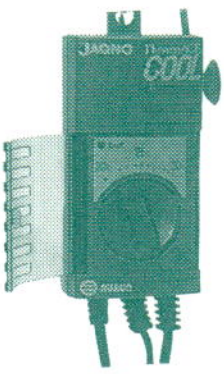

サーモスタット
ライトやヒーターを、自動で設定温度内に管理する。

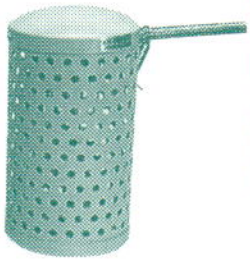

ひよこ電球
冬場などにケージの保温用に使用。

水温計
水生ヌマガメ用ケージの水中に取り付ける。

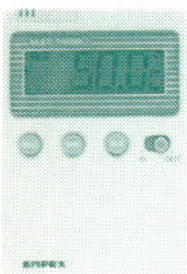

温度計
1日の最低&最高温度が表示されるものがよい。

ケージのセット①

水生ヌマガメのケージ・セッティング。ポイントは水深と陸場作り

◆子ガメに適した水深はどのくらい?

グッズをそろえたら、子ガメのケージをセッティングしましょう。

ここでまず注意したいのは、どのくらいの深さまで水を入れるかということ。「カメは泳ぎがうまい」と思っている人は多いと思います。でも、子ガメをいきなり深い水深で飼うのはダメ。なぜなら、子ガメは泳ぐだけで体力を消耗するので、水が深いと負担がかかるから。水深が深すぎるために、おぼれてしまう子ガメもいるのです。

また、カメはときどき鼻を水面に出して呼吸します。だから、水面からラクに首を出して呼吸できることが大切なのです。

というわけで、甲長が5、6センチ以下の子ガメの場合、水深は甲羅がちょうど隠れるくらいがぴったり。成長するにしたがって、徐々に水深を深くしていけばいいのです。

子ガメのケージは、まだ水深が浅いので、ろ過装置を入れられません。こまめな水がえは基本ですが、エアレーションをすると水が汚れにくくなるのでおすすめです。

子ガメ・ケージの水深は浅くする

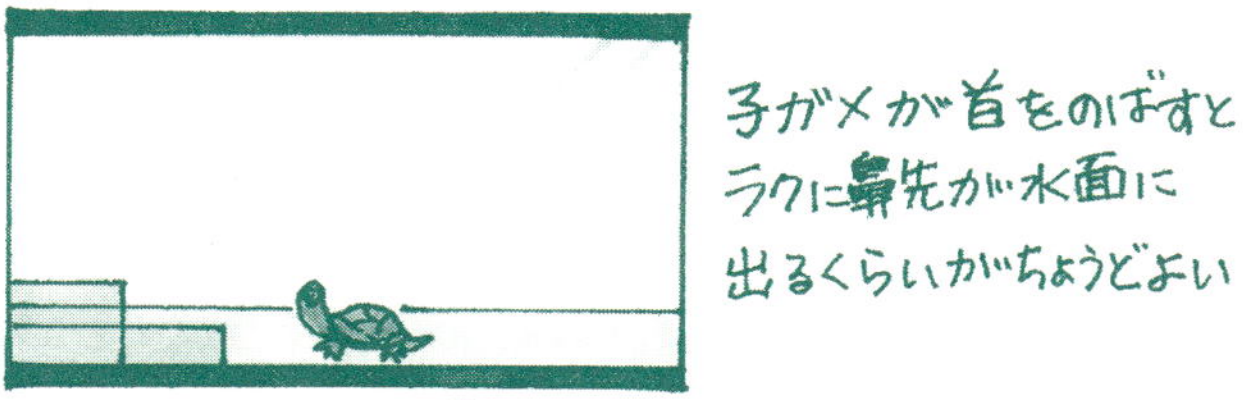
子ガメが首をのばすと
ラクに鼻先が水面に
出るくらいがちょうどよい

登りやすい陸場を作る

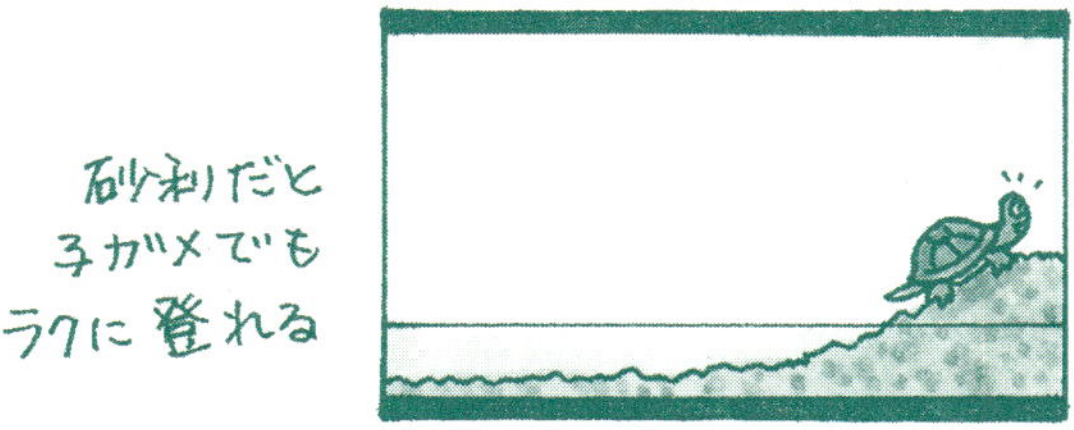
砂利だと
子ガメでも
ラクに登れる

◆陸場を作ろう

カメにとって日光浴はとても大切な行事。だから、あなたのカメも日光浴ができるように陸場をかならず作りましょう。

陸場は、カメが完全に甲羅干しをできる広さで、水面から出て乾燥していることが大切。カメがラクに登れることが基本です。

砂利の陸場は、子ガメが登りやすく便利。ただ、水がえのとき砂利も洗う必要があるため、そうじがメンドウなのが欠点。

レンガや石は、そうじがしやすいのがメリット。子ガメが登りやすいように、薄いものと合わせて階段を作るなど工夫しましょう。

また、水槽の底に砂利を入れると見た目はキレイですが、そうじがメンドウなら入れる必要はありません。

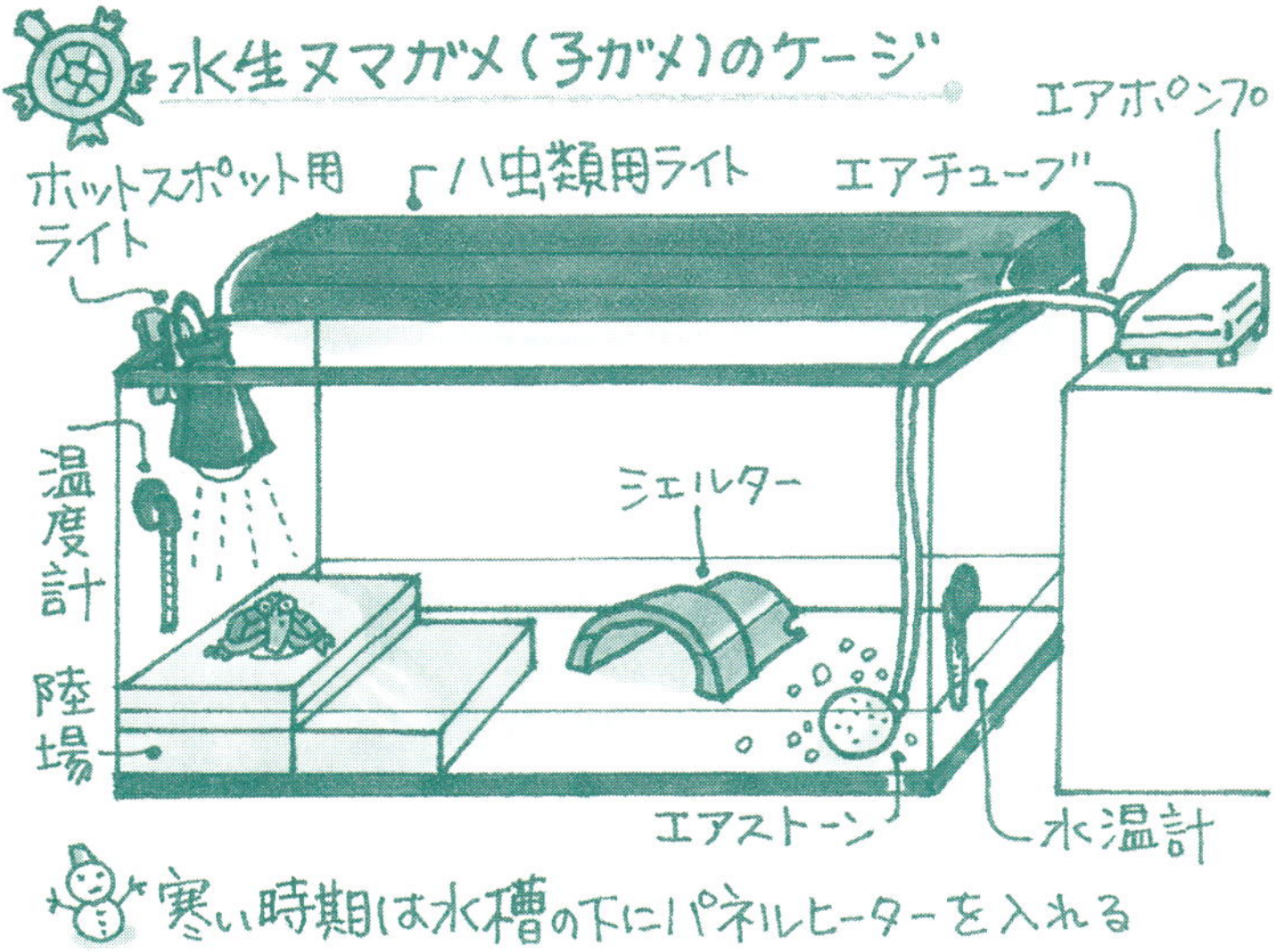
水生ヌマガメ（子ガメ）のケージ
エアポンプ
ホットスポット用ライト
ハ虫類用ライト
エアチューブ
温度計
シェルター
陸場
エアストーン
水温計
寒い時期は水槽の下にパネルヒーターを入れる

◆紫外線ライトと温度管理グッズをつける

ハ虫類用ライトはケージの上部にセット。このとき、ケージ内に直接、光があたるようにすることが大切です。ガラスなどが間にあると紫外線を遮断してしまい、設置した意味がなくなってしまいます。

ケージ内の温度は、水温とホットスポットの両方を管理する必要があります。

まず、水温が低い季節は、ヒーターなどをケージ下に設置し、ケージ全体を温めて。

また、スポットライトは、陸場の上にあたるようにセットして、ホットスポットを作りましょう。これで、カメが自由に水場と陸場を移動して、体温調節ができますね。

水中には水温計、ホットスポットには温度計をセットして、毎日温度をチェックします。

COLUMN
コラム

春から秋、水生ヌマガメのカンタン飼育術

これまで、光や温度のグッズを紹介しましたが、もっと簡単に水生ヌマガメを飼う方法があります。それは、庭やベランダでカメを飼う方法です。

ミドリガメやクサガメ、イシガメなどは、日本の池や川でも暮らしているカメ。だから、天然の太陽で日光浴ができ、適当な水場があるなら、ライト類は必要なし。室内でカメを飼う場合も、まめにカメをベランダや庭に出して日光浴をさせてあげられるなら、ライトがなくてもOKです。

日光浴をさせるときは日射病に注意。広い水槽や池に子ガメを入れるか、かならず日陰を作ってあげましょう。また、脱走やカラスなどの攻撃からカメを守るため、アミをはるといいでしょう。

ライト類なしの簡単なケージ

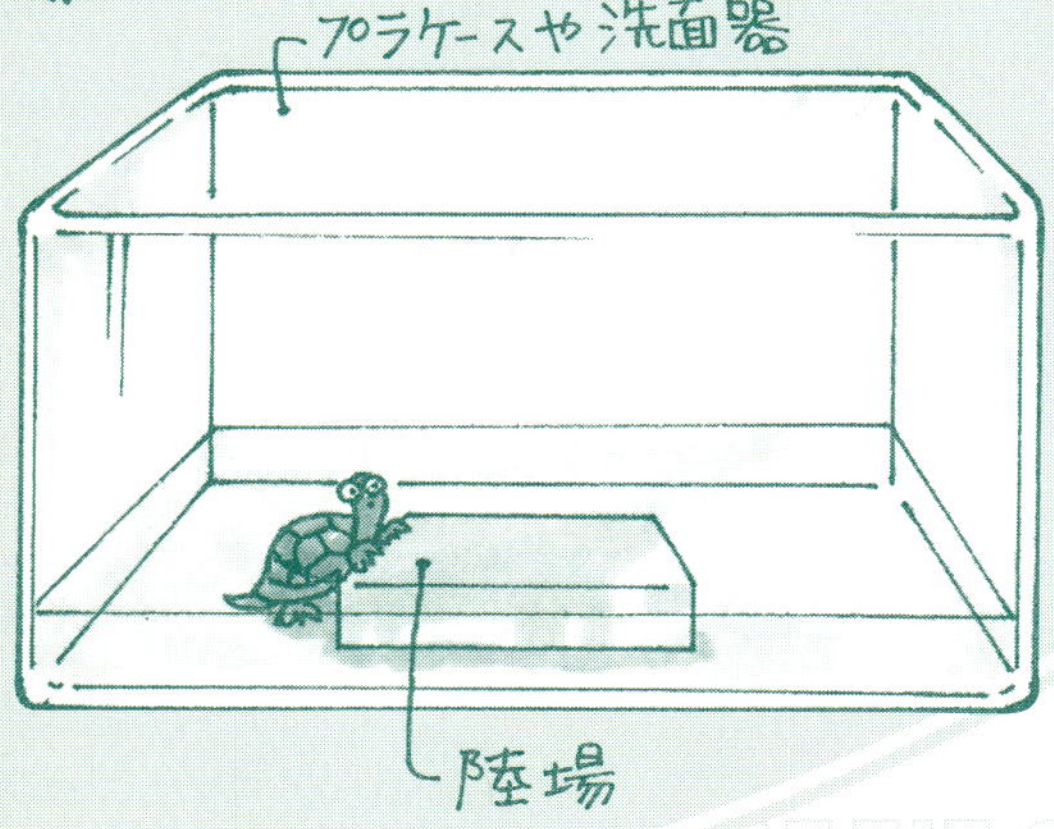

ただし、この飼い方ができるのは初夏から秋にかけての暖かい時期だけ。気温が下がってきたら、室内で温度管理をして飼いましょう。

ケージのセット②

陸生ヌマガメのケージ・セッティング。床材を選んで湿った陸地を作る

◆カメが気に入る環境を作ろう

陸生ヌマガメは森などの湿地帯に住んでいて、水にも入るカメ。飼育容器は陸場に水入れを置き、陸場と水場の割合を8対2くらいにするのがベスト。しばらく様子を見て、カメが水に入らないようなら、大きな水入れは不要です。飲み水用の小さな水入れにかえましょう。

また、陸場自体にも湿りけがあることが大切です。陸生ヌマガメの床材には、ハ虫類専用の湿度を保てる土のほか、園芸店などで入手できる水ゴケ、ヤシガラなどを湿らせて使います。

ケージの上部には、ハ虫類用ライトをセット。カメが紫外線を浴びられるようにしてあげましょう。さらに、スポットライトをつけ、カメが温まるホットスポットを作ります。このとき、ホットスポットは、陸場に作るのがポイントです。

秋から春にかけて気温が下がる時期は、ヒーターはケージの下に設置して、快適な温度を保ちます。ケージの底（床材の下）に敷いてもよいのですが、カメによっては床材の下にもぐることも。ヒーターの下にもぐるのが心配なら、ケージの外にしたほうがいいでしょう。

陸生ヌマガメ(子ガメ)のケージ

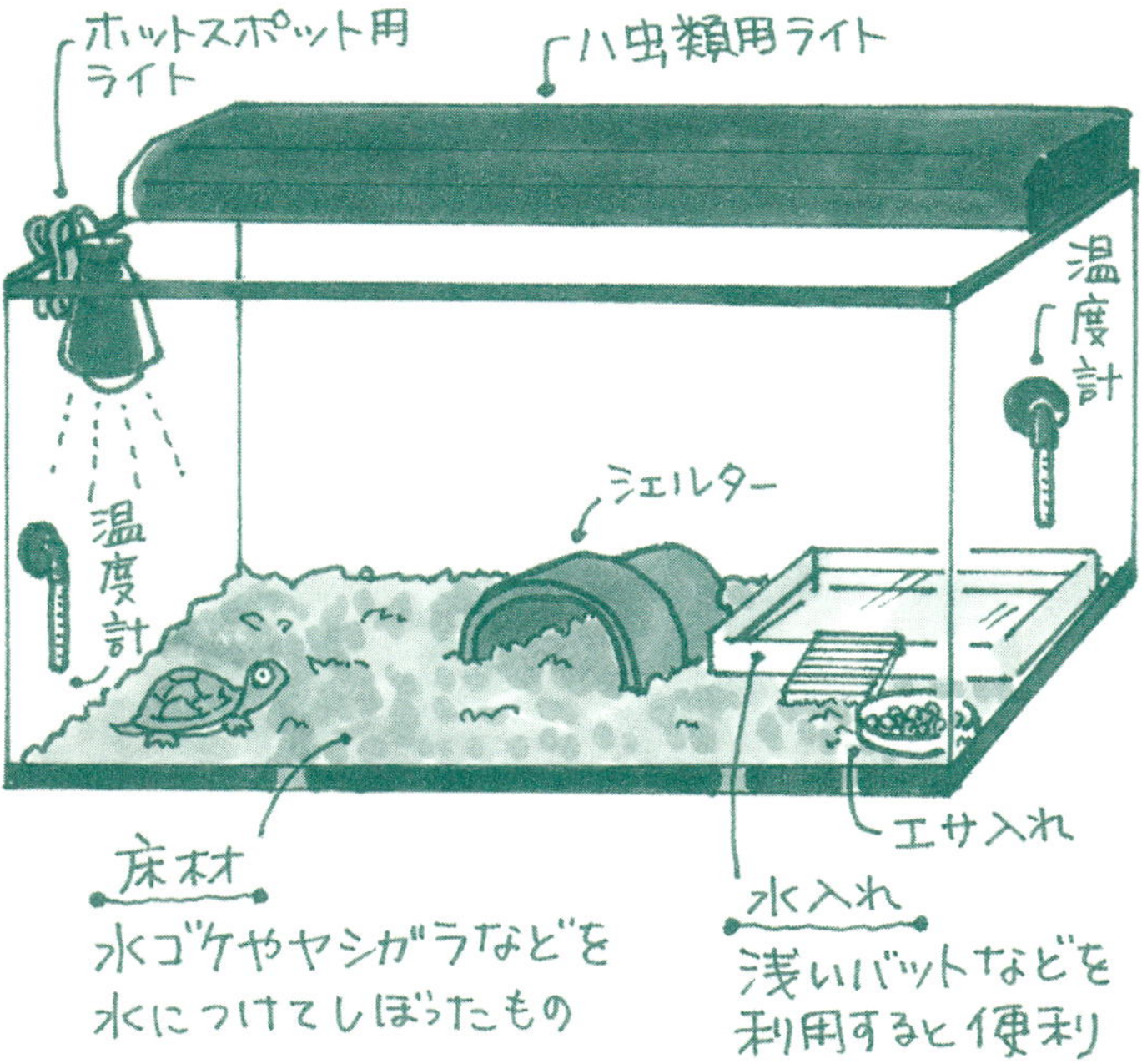
ホットスポット用
ライト
ハ虫類用ライト
温度計
温度計
シェルター
エサ入れ
床材
水ゴケやヤシガラなどを
水につけてしぼったもの
水入れ
浅いバットなどを
利用すると便利

寒い時期は
パネルヒーターなどを
水槽の中や下に
入れるとよい
ポカポカ

エサをあげる

水生&陸生ヌマガメは雑食性。エサはバリエーション豊富に!

◆野生のヌマガメは何を食べているの?

ヌマガメ科のカメたちは、基本的に雑食性。野生では、種類によって住んでいる環境が違うので、当然食べるものの傾向も微妙に違うようです。

水生ヌマガメは水草を食べるほか、水辺の生物を食べています。小魚、タニシなどの貝、ザリガニやエビなどの甲殻類、さらにはミミズや昆虫など、いろいろなものがエサとなっているのです。子ガメの頃はとくに肉食の傾向が強く、こうした肉食のエサをたくさんとっているよう。成長するにつれて草食性が強くなります。カメはタンパク質を与えると成長が早く、大きくなる傾向があるので、自然界でも、自然と子ガメは肉食になっているのかもしれません。

陸生ヌマガメも雑食性です。森林や草原に住んでいるので、子ガメのときから植物や果物、ミミズ、コオロギ、カタツムリなどを食べています。

◆配合飼料を中心にいろいろなエサをあげよう

雑食性のヌマガメは、飼育下でも、バリエーションに富んだエサをあげましょう。

ヌマガメの主食

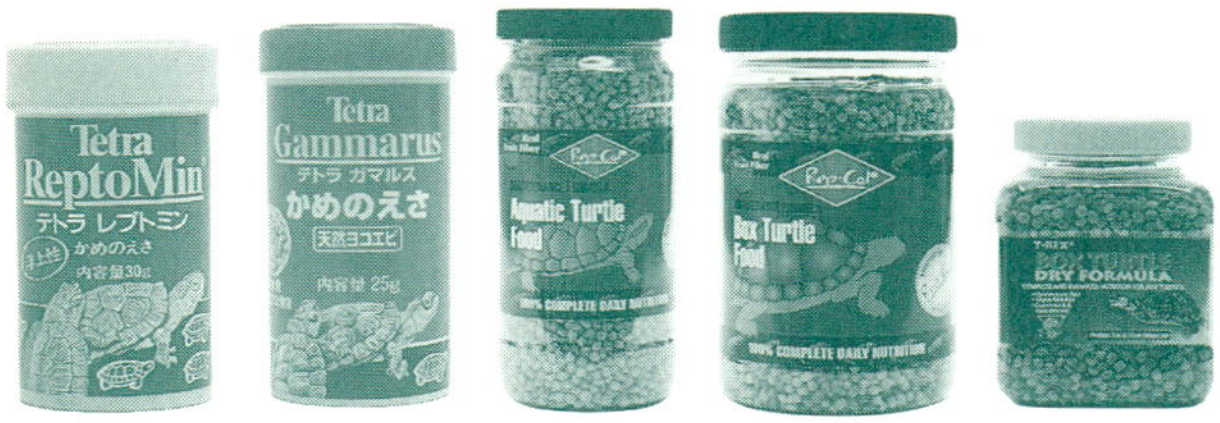

◀水生ヌマガメとハコガメ用の配合飼料と乾燥飼料。

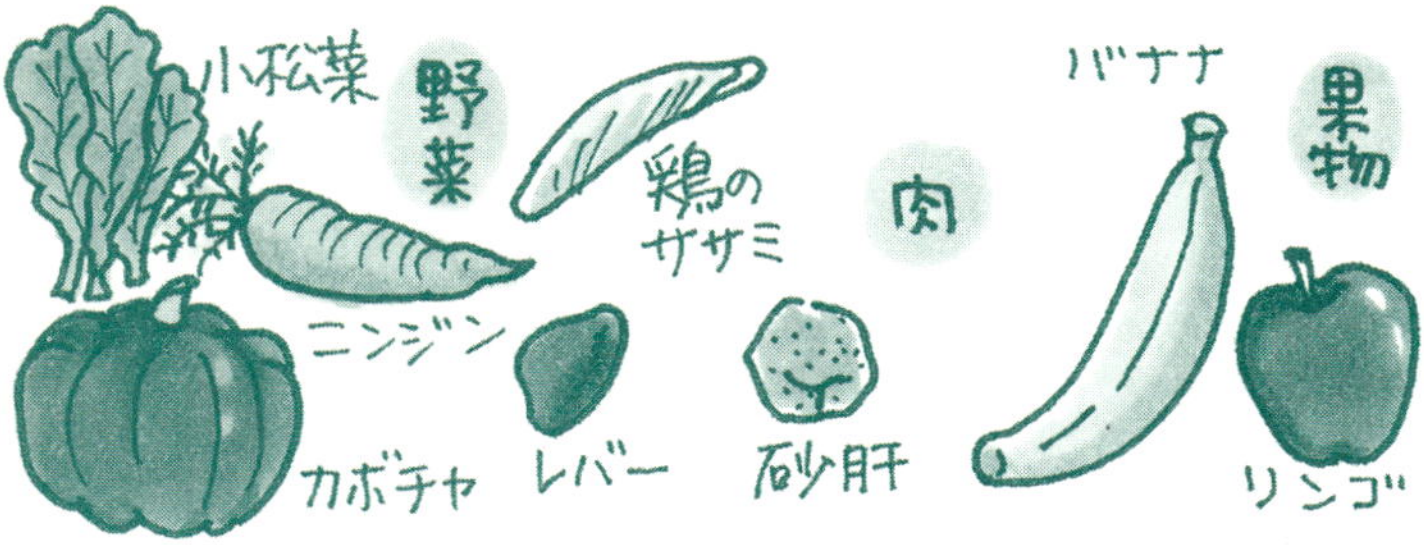

毎日のメイン食は、栄養バランスを配慮して作られたヌマガメ用の配合飼料が便利。いろいろな商品が市販されているので、原材料や成分をチェックして選ぶこと。成分は粗タンパク35~40%、粗脂肪5%以下、灰分10%以上、水分12%以下のものが理想的です。

淡水エビ、イトミミズ、オキアミなどを乾燥させた乾燥飼料は、嗜好性が高くカメが喜んで食べるようです。配合飼料と合わせてときどき与えるとよいでしょう。配合飼料や乾燥飼料は、食べ残しても水に溶けにくく、そうじがしやすい点も便利です。

ほかにも、肉や野菜、野草など、少しずつあげるのがおすすめ。肉は鶏肉、鶏レバーや砂肝、豚肉などがよいのですが、あげすぎには注意。野菜は細かく切ってあげます。

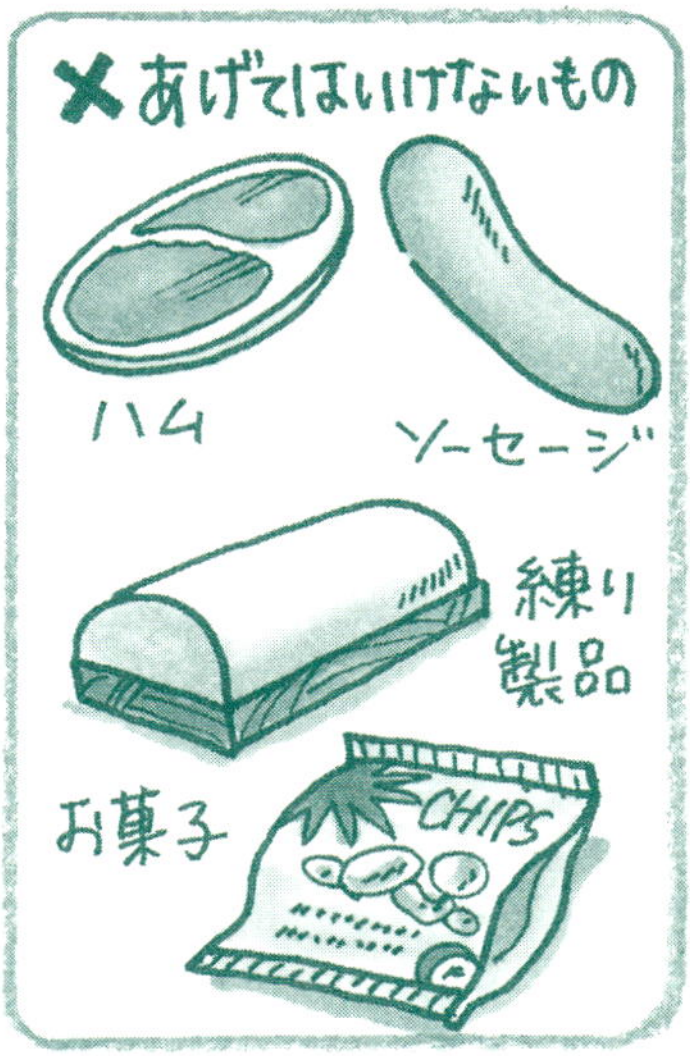

◆ときどき生き餌をあげよう

生き餌はいつも必要というものではありませんが、カメに喜んでもらうために、ときどきあげるといいでしょう。カメの食欲がないときにあげるのもおすすめです。

ヌマガメにあげてもいい生き餌は、金魚、タナゴ、クチボソ、カダヤシ、ドジョウなどの淡水魚、ミミズやイトミミズ、コオロギ、ミルワームなど。海水魚は高脂肪であり、冷凍魚はビタミンB_1欠乏症の原因になることもあるのであげないこと。

◆これはあげてはダメ！

ハム、ソーセージ、練り製品などの加工品は、塩分や脂肪が多いのであげてはダメ。牛乳、チーズ、バターなどの乳製品、菓子類もあげてはいけません。

ヌマガメの1週間メニュー例

水生ヌマガメのメニュー

月	配合飼料
火	配合飼料 乾燥飼料（淡水エビ）
水	配合飼料 肉（鶏レバーや鶏ササミなどをゆでてあげる）
木	配合飼料 野菜（小松菜やニンジンをゆでて細かく切ってあげる）
金	配合飼料 乾燥飼料（淡水エビ）
土	配合飼料
日	生き餌 （淡水小魚やイトミミズ） 水草や野草 （金魚藻、タンポポなど）

陸生ヌマガメのメニュー

月	配合飼料
火	配合飼料 肉（鶏レバー、鶏ササミ、砂肝などをゆでてあげる）
水	配合飼料 野菜（小松菜やニンジンをゆでて細かく切ってあげる）
木	配合飼料 乾燥飼料（淡水エビ）
金	配合飼料 肉（鶏レバー、鶏ササミ、砂肝などをゆでてあげる）
土	配合飼料
日	生き餌 （コオロギ・ミミズなど） 水草や野草 （金魚藻、タンポポなど） 果物 （リンゴ、バナナなどを切ってあげる）

◆子ガメのうちは1日1回が基本

カメのエサは、1日1回が基本です。成長するにしたがって、エサの回数は少なくても大丈夫になっていきます。おとなのカメだと、エサは1日おきや、2～3日に1回でも平気なのです。でも子ガメはたくさん栄養が必要です。毎日あげるようにしましょう。

水生ヌマガメは水の中で食べるので、水に入れてあげるのがいいでしょう。だんだん飼い主や新しい環境に慣れてくると、陸場で食べるようになるカメもいるようです。

陸生ヌマガメの場合は、陸場にエサ入れを置き、そこへ1日1回エサを入れておきましょう。

子ガメを複数で飼っている場合は、十分に食べられない子ガメがいる可能性もあり。食べ方や成長のスピードに気をつけて、弱い子ガメは別に分けてエサをあげましょう。

◆量はどのくらいあげたらいいの?

毎日食べるだけあげてよいのですが、カメは大食漢が多くて、いくらでも食べてしまうこともあるようです。どれくらいがいいのか迷ったときは、配合飼料なら、1回にカメの頭の大きさくらいの量を目安にして。配合飼料の説明書きも参考に調節してください。

カメは同じ種類でも、食欲に個体差があるようです。しばらくしても食べ残しが残っているようなら、そのカメにとってはエサが多すぎるのです。食べ残しのエサがあると水が汚れる原因になるので、量を控えるようにしましょう。とくに肉などを与えたときは、食べないようならいつ

食べすぎ!?
MURASAKI MOMOYA
アカミミガメのカメぞう(♂3才)は
いつもおなかがすいている……
ぐ～～～っ
カワイサのあまり、ついつい餌をあげてしまう
しょうがないな～
エサッ エサッ
気がついたらプクプクに太ってしまい…
あれっ?
あれっ?、?、
身体が甲羅に入らなくなってしまった……。
カメぞう～～～
ナサケない……
じたばた～

までも入れておかず、取り除いたほうがいいでしょう。

◆カメの食事タイムはいつ?

カメの多くは、日中に行動します。朝起きると日光浴をして体を温めてから、お食事。そして、また日光浴をして体温を上げて、食べたものを消化するのです。野生の生活では、日光浴をしたりエサを探す以外は、たいした活動はしないもの。そうして、エネルギーを効果的に温存するのです。というわけで、カメの食事はできるだけ、朝か午前中のうちにあげましょう。そうすれば、午後はゆっくり体を温めて消化することができるはず。夜にエサをあげると、カメはまもなく寝てしまうので、エサを消化できなくなってしまうのです。

そうじをする

水の汚染は健康にダメージ大！こまめにそうじをしてあげよう

◆水生ヌマガメのケージのそうじ

水生ガメは、食事、排泄、睡眠と、すべてを水中で行なっています。当然のことながら、カメが暮らす水は、すぐにフンやおしっこ、食べ残しなどで汚れることに……。子ガメのうちは、水をきれいにするろ過装置も入れられないので、水はすぐに汚れてしまいます。汚い水にいるのでは、カメもかわいそう。いつもきれいな水で生活させてあげましょう。

毎日のそうじは、フンや食べ残しのエサを見つけたら、アミですくって取り除いてあげること。なかには、フンを食べてしまうカメさんもいるようです。飼い主さんの精神衛生上はよくないのですが、カメが自分のフンを食べてしまっても問題ないので、あまり気にしないこと。

水がえの頻度はケージの大きさや季節によっても変化しますが、エアレーションも何もない水槽なら、週に2、3回は取りかえること。汚れた水の中で暮らしていると、カメは病気になってしまいます。夏場は水が汚れるのも早いので、毎日水がえするのが理想。新しい水を入れるときは、ぬるま湯などで温度を調節し、もとの水温と同じくらいにすることが大切です。

水かえの手順

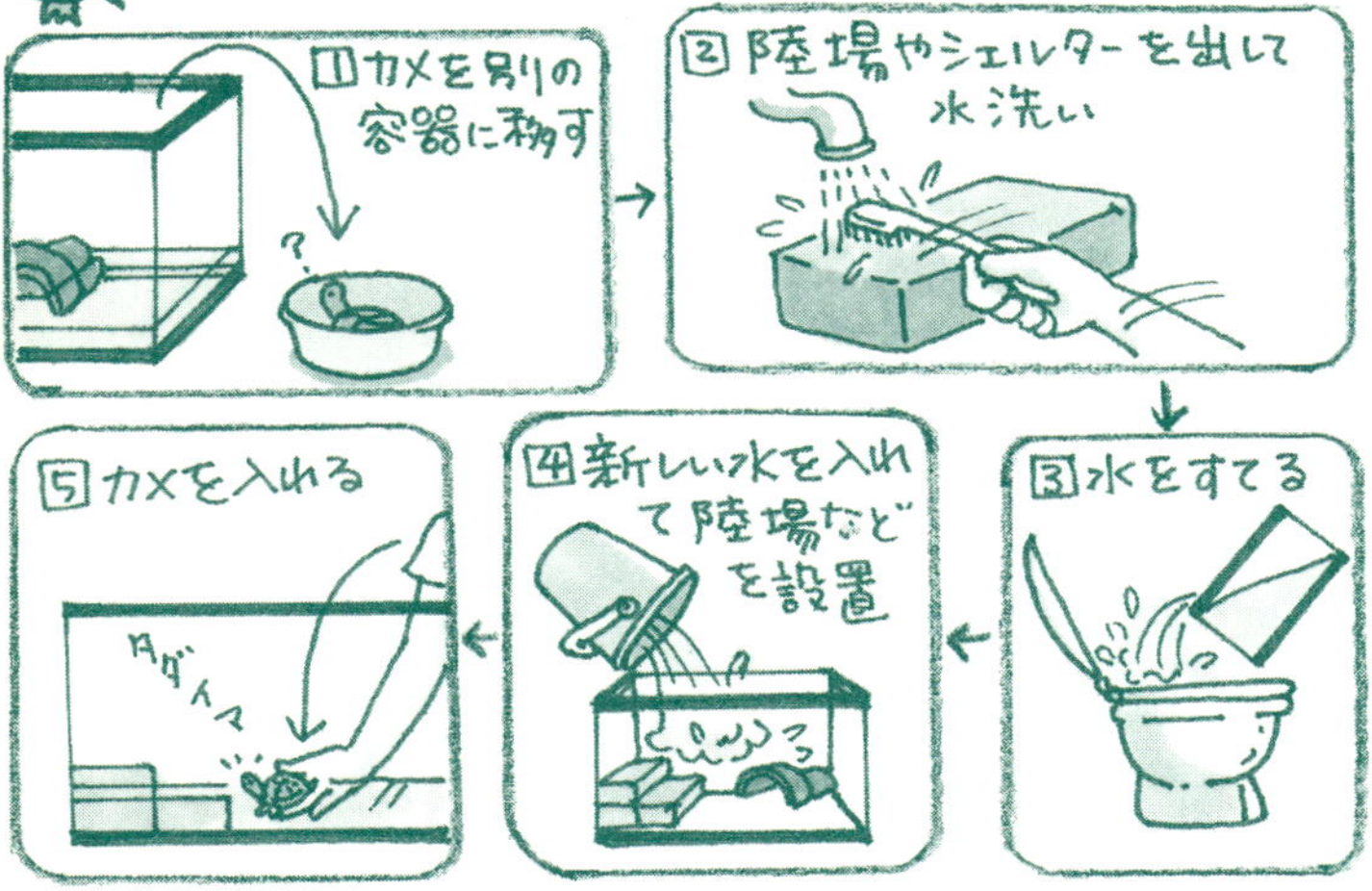
1 カメを別の容器に移す
?
2 陸場やシェルターを出して水洗い
3 水をすてる
4 新しい水を入れて陸場などを設置
5 カメを入れる
タダイマ

カメの気持ち

飲み水は泳ぐ水と同じ!? カメはいつ水を飲むの?

水生ガメだって、もちろん水を飲んでいます。水生ガメの舌は細くて、陸生ガメの肉厚の舌とは明らかに違う構造をしています。舌は細い中にも骨が発達していて、エサを食べると同時に、大量の水を飲み込むようになっているのです。ですから、水生ガメは食事のたびに、ケージの水を飲んでいるというわけ。

カメを観察していると、水をかえたとたんにゴクゴクと飲むことも。飲み水にフンをしちゃうカメですが、水が汚れていると飲まなくなり、エサも食べなくなります。水中にいるにもかかわらず、汚い水で飼われていると、脱水症状で死ぬことがあるのです。

◆飼育水は水道水でも大丈夫?

熱帯魚や金魚などは、水道水をカルキ抜きして使いますが、カメはどうでしょうか? ほとんどのカメは、水にそれほど神経質になることはありません。水道水をそのまま使っても大丈夫。陸生ヌマガメの飲み水も同じです。

ヌマガメの中では、皮膚が弱く敏感なイシガメやキボシイシガメだけは、1日くみ置きした水がおすすめ。熱帯魚用に売られているカルキ抜きの薬を使うのもいいでしょう。

また、「ミネラルウォーターならさらにいいのでは?」と思うかもしれませんが、カメにはおすすめできません。ミネラルウォーターは、成分がカメにはむいていないのです。

◆陸生ヌマガメのケージのそうじ

陸生ヌマガメのケージは、まず水入れを毎日交換します。尿は床材が吸収してしまうので、フンや尿酸（白いドロッとしたもの）だけを取り除いてあげましょう。

床材は、汚れたらそのつど表面を交換します。汚れた部分を出し、新しい床材を足しておくのです。そして、月に1～2度は、すべての床材を入れかえてください。

ハ虫類用の土や水ゴケ、ヤシガラなどの床材は、そうじが大変です。そうじがメンドウで不衛生になるくらいなら、新聞紙を敷いてしまうのもひとつの方法。新聞紙なら、毎日交換するのも簡単ですね。ただ、陸生ヌマガメには湿度が必要なので、浅いバットに水を入れた水場を入れておくようにしましょう。

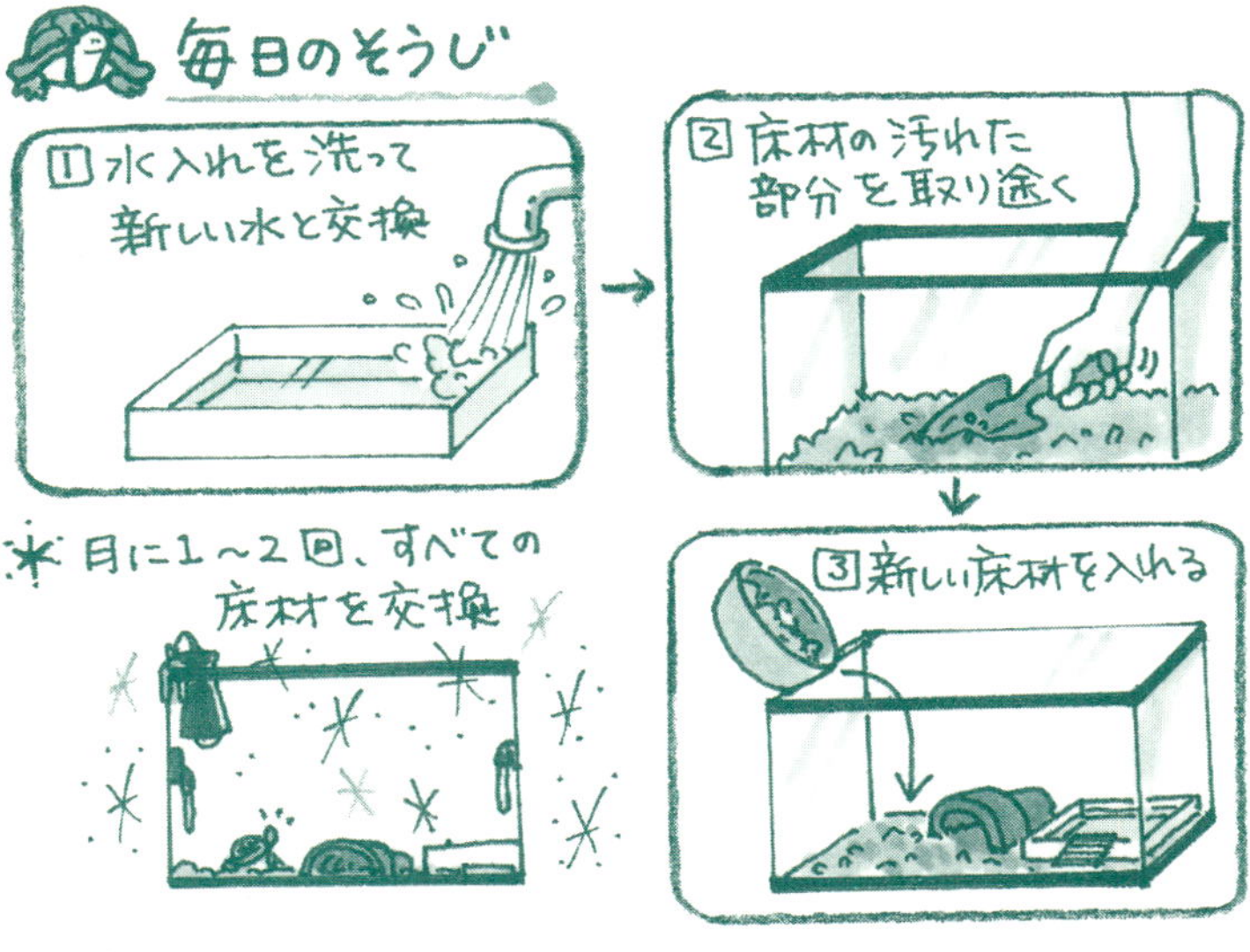
毎日のそうじ
① 水入れを洗って新しい水と交換
② 床材の汚れた部分を取り除く
③ 新しい床材を入れる
＊月に1～2回、すべての床材を交換

光と温度

日光浴はさせたほうがいい？光と温度の世話はとても重要

◆ケージのライト類は朝から夜まで照射

これまで説明してきたように、紫外線ライトやスポットライトは、室内で飼われているカメが健康に生活するためには、なくてはならないもの。スポットライトは、カメが体を温めて体温を上げるのはもちろん、甲羅や皮膚を乾かして細菌の感染を防いだり、皮膚病を防ぐ役割があります。そして、ハ虫類用ライトは、カメが体内でビタミンD_3を形成し、カルシウムの吸収を助けるという大切な役割があることはすでに説明しました。

ハ虫類用ライトやスポットライトは、太陽のかわりに紫外線を出したり、体温を上げる役目をするので、昼間は点灯し、夜は消灯するのが基本。照射時間は、夏は1日14時間、春秋は12～13時間、冬は11～12時間くらいがベスト。つけたり消したりがメンドウだったり、生活が不規則な人は、タイマーで自動的にオン・オフさせるのがおすすめです。

◆できるだけ日光浴をさせよう

ライト類によって人工的な日光浴はできますが、やはり天然の太陽に勝るものはありませ

ヌマガメの飼育環境の理想温度

水生ヌマガメ	昼	水温 24〜29度	陸場 28〜32度
	夜	水温 20〜24度	陸場 20〜24度
陸生ヌマガメ	昼	基本温度 24〜29度	ホットスポット 28〜32度
	夜	基本温度 20〜24度	ホットスポットは消灯

水生ヌマガメ
ホットスポット28〜32度
水温 24〜29度

陸生ヌマガメ
28〜32度 ホットスポット
ケージの中に温度勾配を作ろう!!
基本温度24〜29度

ん。室内飼いのカメも、ときには日光浴させてあげましょう。ベランダや庭にケージごと出したり、一部を囲って放します。カメと一緒に、のんびり過ごすのも楽しいですね。

日光浴は暑すぎないよう、注意が必要です。真夏のベランダなどは、小さなケージを出すと水温が急上昇します。日陰を作り、温度チェックを忘れずに。カラスやネコにも注意!

◆ケージ内の温度はまめにチェック!

ケージ内の温度は、毎日チェックする習慣をつけましょう。水生ヌマガメなら、水場と陸場、陸生ヌマガメは陸場の温度をチェック。ケージ内でも、ホットスポットの下はほかの場所より温かくなっているように、温度勾配があることを確認します。また、昼と夜の温度差も必要なので、夜はライトを消しましょう。

リクガメを飼おう！

陸地に住むリクガメは、昼寝をしたり、歩く姿を見ているだけでもなごめる存在。がんばって健康なカメに育てよう。

飼育グッズ

リクガメの子ガメに必要な飼育グッズを準備

リクガメは、のしのしとよく歩くカメ。子ガメでも驚くほど歩くので、できるだけ広いケージで飼いましょう。ケージ作りは、光と温度の管理、床材選びがポイントとなります。

◆床面積が広い飼育容器を選ぶ

リクガメの子ガメのケージには、水槽がいいでしょう。大きく成長すると十分なスペースをとるための工夫が必要ですが、甲長7、8センチ以下の子ガメのうちは60センチ幅くらいで大丈夫。深さは必要ないので、床面積が広いものを選びます。深すぎるとケージ内部が蒸れることもあるので、側面に空気穴があるハ虫類用ケージもおすすめです。

◆リクガメは臆病なカメが多いのでシェルターを用意

リクガメは臆病なカメが多いので、安心できる隠れ場所が必要。ケージにシェルターを入れてあげましょう。

【飼育容器】

リクガメのケージは床面積が広いものを用意。
湿気がこもらないタイプがおすすめだ。

水槽
子ガメでも60センチ以上を用意したい。
成長に合わせて大きな容器にかえる。

ハ虫類用ケージ
前面がガラスで側面が金鋼になっているため通気がよい。

【シェルター】

隠れる場所があるとカメが安心する。
すっぽり入れるサイズを用意しよう。

市販のシェルター
ハ虫類用、カメ用が市販されている。

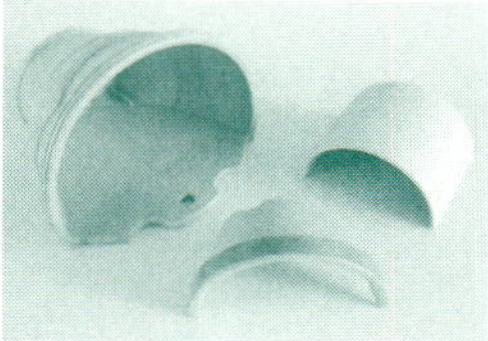

植木鉢
陶器のものは使いやすい大きさに割って使用。

【エサ容器】

浅く安定性のよいものを選ぶ。
いつも清潔に保つこと。

エサ入れ
バットなどの浅い容器が便利。

水入れ
水を飲まないときは入れなくてもよい。

◆床材を選ぶ

リクガメのケージに床材として利用できるものには、新聞紙や園芸土、干し草、ハ虫類用床材などがあります。ここにあげている床材は、清潔に保ちさえすれば、基本的にはどれを使っても問題ありません。あとはカメの種類、そうじの手間や費用をどれだけかけるのかなどを考えて選びましょう。

新聞紙は最も経済的で、そうじがラクで衛生的に保てます。実際にリクガメを飼っている人にも愛用者は多いよう。そのほかの素材は、交換の手間とお金がかかります。まめに世話ができる人はこれらの床材でもOK。また、カメが食べることもあるので、食べても大丈夫な素材の床材を選ぶこと。ネコ用の固まるトイレ砂などはやめたほうがいいでしょう。

●床材の種類とそれぞれの長所・短所

種　類	長　所	短　所
新聞紙	手に入りやすく経済的。取りかえがラク	尿を吸わないので、すぐに取りかえなければならない。湿度を保てない
赤玉土 鹿沼土 水ゴケ ヤシガラ	園芸店で買えるので、入手しやすい。自然の浄化作用が多少ある。乾燥を避けられる。カメが歩きやすい	取りかえの手間がかかる
干し草	自然のものなので、カメが食べても安心	取りかえの手間がかかる
ハ虫類用床材	湿気を吸ったり、湿度を保てるタイプなど、種類によって選べる	比較的価格が高く、ハ虫類専門ショップなどでしか手に入らない

【床材】

カメの快適度、そうじのしやすさ、
予算などを考えて選ぼう。

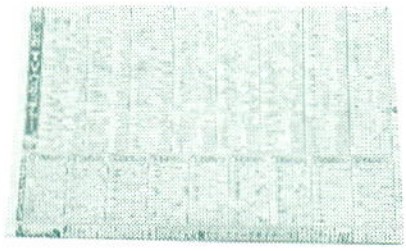

新聞紙
そうじが簡単なので、ラクに衛生的に保てる。

干し草
乾燥を好むリクガメに使うとよい。

鹿沼土

赤玉土

ヤシガラ

園芸用の土
自然に近い環境を作ることができる。

八虫類用床材
いろいろな種類があるので、
カメに合わせて選ぼう。

◆紫外線をあてるライトは必需品！

リクガメは、できれば屋外で飼いたいカメですが、住環境や季節によっては、室内飼いもやむをえないでしょう。室内で飼う場合は、太陽の代替品としてかならずハ虫類用ライトが必要です。フルスペクトルライト、トゥルーライトなどと呼ばれるこれらのライトは、明るさや保温のためではなく、紫外線を出すもの。紫外線が不足すると、リクガメは甲羅の異常など病気の原因になるので、かならずセッティングしてあげましょう。

市販の水槽に合わせた大きさで、ソケットとライトが別売りされているので、サイズとワット数をチェックして用意します。ライトは15ワット、20ワット、40ワットなどがあり、ソケットは熱帯魚用のものが便利です。

◆生息地に合わせた温度管理を

リクガメたちは、もともと日本には生息していない動物。生息地の気候に合わせた温度や湿度を管理することが、健康に育てるコツです。最低温度を確保するには、ケージのある部屋全体の室温をエアコンなどで調節するか、ケージ全体を下から温めるパネルやフィルムタイプのヒーターが便利です。さらに、ホットスポットを作るためのスポットライトも必要。スポットライトはバスキングライト、レフ球などの電球型のものを使い、カメが甲羅から体を温められるようにしてあげましょう。

【光】

太陽光のかわりに紫外線を出すライト。
ハ虫類用に市販されているものを選ぶ。

ハ虫類用ライト

フルスペクトルライト、トゥルーライトなどと呼ばれ、太陽光に近い紫外線を出す蛍光灯。

ソケット

ハ虫類用ライトを取り付けるためのソケット。水槽に合わせて60、90センチ用などがある。

【温度】

リクガメの生息地に近い温度を作るためのグッズ。快適な温度を維持してあげよう。

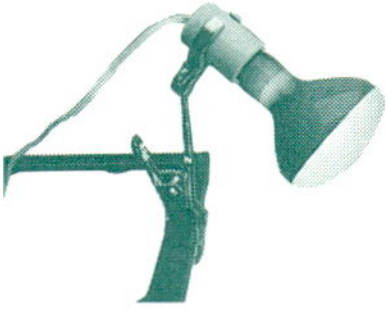

スポットライト

カメが体温を上げるために必要。バスキングライト、レフ球などをケージにしっかりセットする。

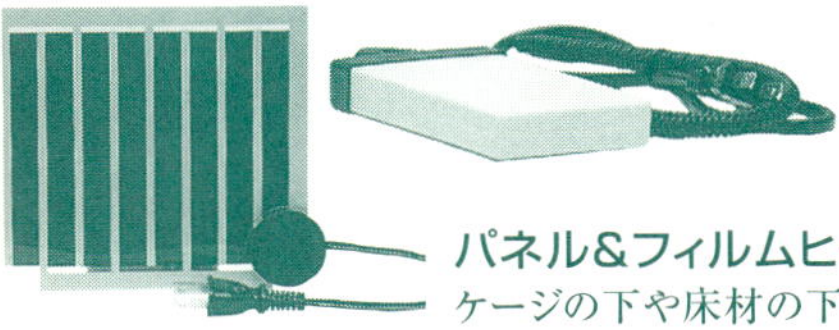

パネル&フィルムヒーター

ケージの下や床材の下に敷いてケージ内を温める。

サーモスタット

ライトやヒーターを自動で設定温度内に管理。

ひよこ電球

冬場などケージの保温のために使ってもよい。

温度計

温度管理のためにかならず設置。1日の最低&最高温度が表示されるものがおすすめだ。

ケージのセット

リクガメのケージ・セッティング。子ガメに安心してもらうケージ作り

◆ゆったりしたケージで大物を育てよう！

リクガメのケージは、全体が陸場で水場は不要。シェルターを入れたり植物を植えたりと、レイアウトに凝《こ》ることもできます。でも、カメが動けるスペースを確保するためには、あまり複雑なレイアウトはおすすめできません。狭いケージでは活動が制限され、ストレスから元気がなくなったり、食欲がなくなることもあります。また、そうじのしやすさも大切なポイントです。見た目が美しいことも大切ですが、子ガメの気持ちを第一に考えてあげましょう。

カメのためにいいのは、なんといってもゆったり広くて、清潔で、快適な温度と湿度に設定されている飼育容器。そういうケージなら、元気で健康に育つはずです。

飼育容器には床材を入れ、隠れ場となるシェルターを設置。そして、ハ虫類用ライトとスポットライトをセットして、快適な温度環境を作ってあげましょう。

乾燥した地域に生息するカメはあまり水を飲みませんが、水入れは入れておいてもOK。リクガメは便秘や食滞、結石などの病気が多いので、水を飲ませるのはいいことです。

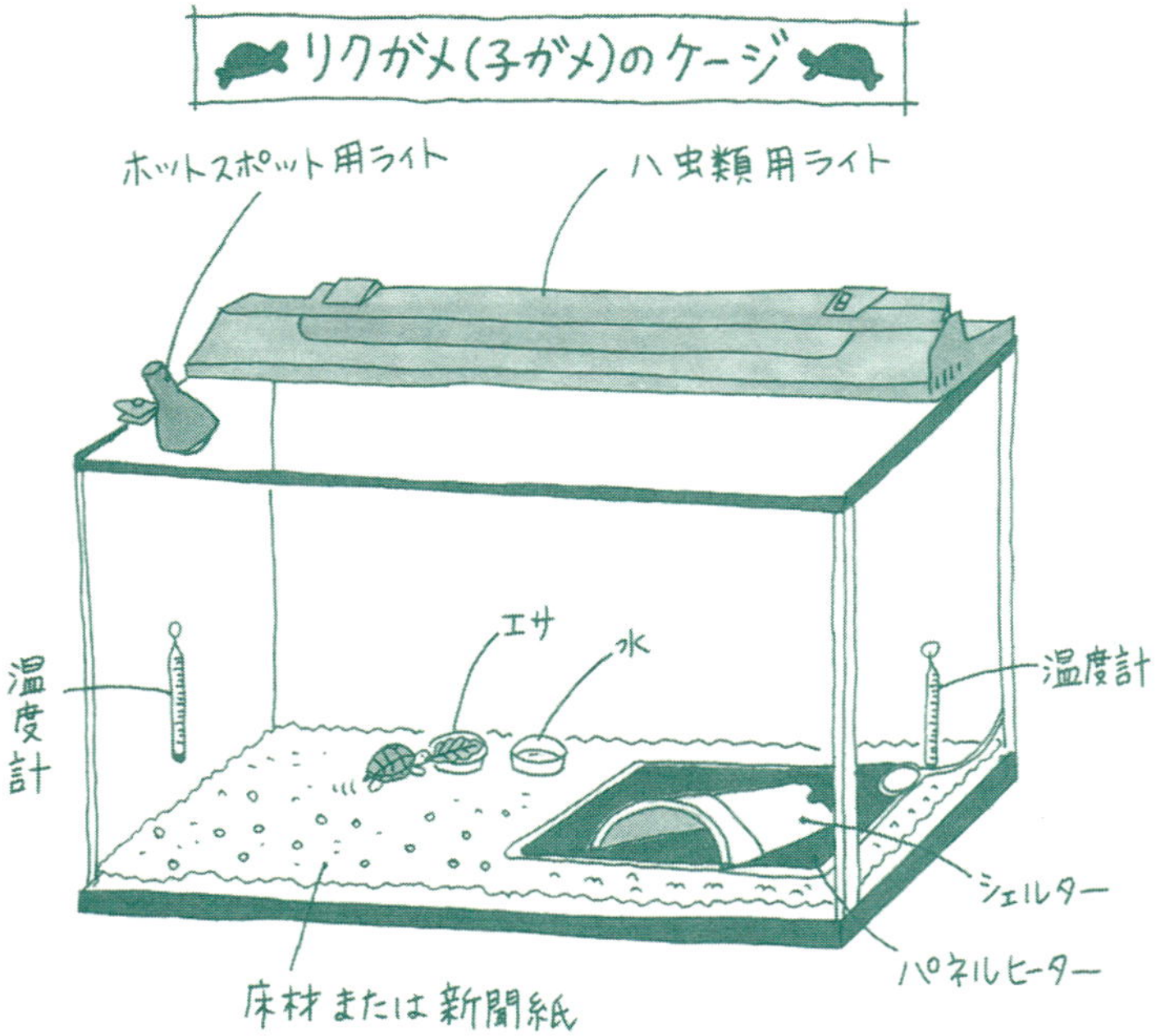
リクガメ(子ガメ)のケージ
ホットスポット用ライト
ハ虫類用ライト
温度計
エサ
水
温度計
シェルター
パネルヒーター
床材または新聞紙

リクガメは草食性が強いから野菜や野草をたっぷりあげよう

◆野生では野草などからカルシウムを摂取

リクガメの多くは草食性で、野生の生活では100〜200種類もの植物を食べています。たとえば、温帯に住む地中海リクガメの仲間は、タンポポ、クローバー、アザミをはじめ、その季節の野草を食べるという実に健康的な食生活。しかも、地中海沿岸では石灰層の地層が厚く、そこにはえる草や地下水には、カルシウムが豊富に含まれているのです。カメにとって非常に理想的なエサを、自然に摂取しているというわけです。同時に、食物繊維もたっぷりとっています。

森林や低木の密集地、乾燥した砂漠地帯など、種類によりさまざまな環境に住むリクガメたちですから、なかには雑食性の強いものも。熱帯に住むアカアシガメ、キアシガメ、セオレガメなどは雑食性で、野草などのほかに昆虫やミミズ、カタツムリなども食べています。

◆配合飼料だけにたよるのはダメ！

リクガメ用の配合飼料は、種類別に分けられた専用のものを選びます。でも、配合飼料をエ

リクガメのエサ(主食)
野菜
小松菜
チンゲン菜
モロヘイヤ
キャベツ
豆苗
野草
大根の葉
カブの葉
タンポポ
オオバコ
クローバー
ハコベ

サのメインにしないこと。配合飼料は週に1、2回あげる程度にし、野菜や野草を主食にするのが健康に育てる重要なポイントです。

また、ドッグフードやキャットフードで代用する人もいますが、これらは高タンパクでリンも多く含まれるので、カメのエサには向きません。雑食性のリクガメなら少しはあげてもかまいませんが、草食性のリクガメには食べさせないようにしてください。肉類を原料にしたフードは、代謝性骨疾患や内臓疾患を引き起こす可能性もあります。

まだ、リクガメ用フードがなかった頃には、九官鳥フードがよいといわれましたが、これは嗜好性が高くカメがよく食べたために生まれた誤解。栄養面ではリクガメによくないので、あげないようにしましょう。

Rep-Cal
リクガメフード
Tortoise Food
FORTIFIED DAILY DIET

陸ガメの総合フード
TURTLE FOOD
陸ガメ専用
NET142g

◀リクガメ用の配合飼料

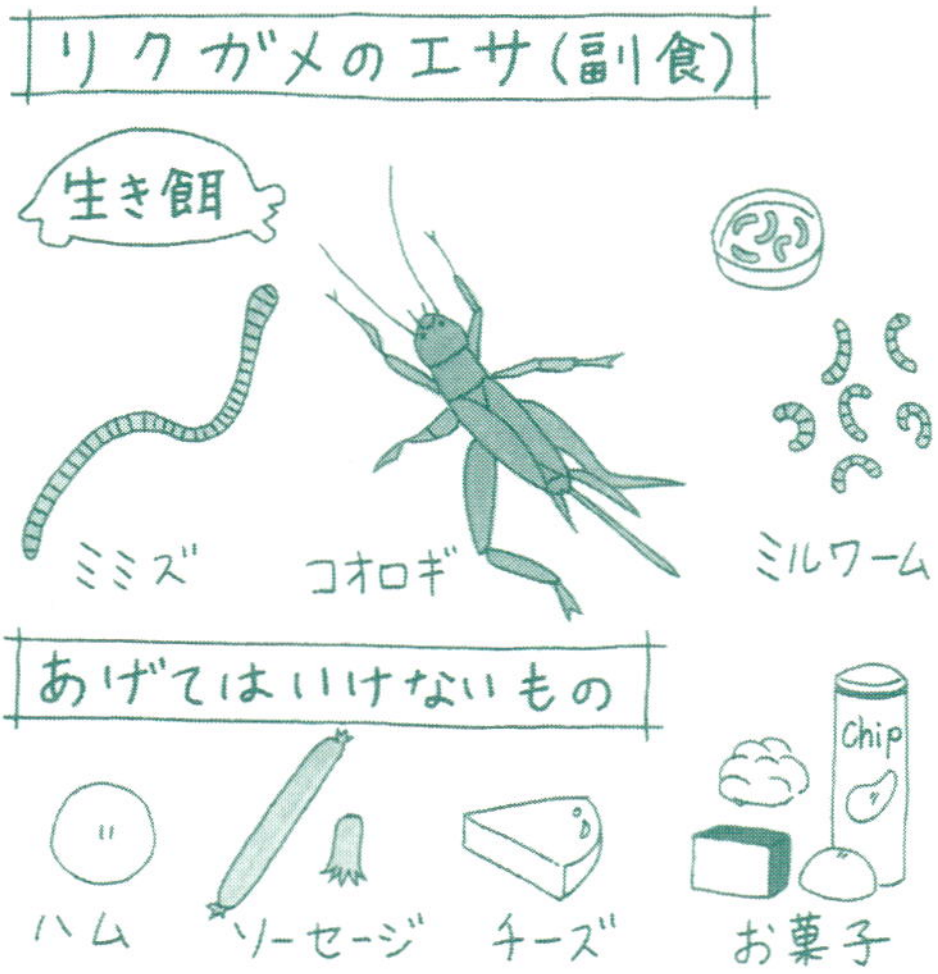
リクガメのエサ(副食)
生き餌
ミミズ
コオロギ
ミルワーム
あげてはいけないもの
Chip
ハム
ソーセージ
チーズ
お菓子

◆草食性、雑食性それぞれのメニュー

地中海リクガメなどの草食性のリクガメには、低脂肪、低タンパク質、ビタミンやミネラル、繊維質が豊富な野菜や野草、果物をあげるのが理想的。リクガメは飲み水以外に野菜からも適度な水分をとっています。

野生で昆虫やミミズなどを食べている雑食性のリクガメには、適度のタンパク質と脂肪が必要です。週に1回くらいのペースで、動物性タンパク質をあげること。ミミズやコオロギなどの生き餌か、ドッグフード、キャットフードなどを利用します。

◆あげてはいけない食べ物は?

基本的に人間の食べる加工品や味のついたものは、食べさせてはいけません。乳製品も脂肪が多いので、あげないようにします。

野菜の食品成分表<食品100グラム中>

食品名	エネルギー (Kcal)	水分 (g)	たんぱく質 (g)	脂質 (g)	炭水化物 (g)	灰分 (g)	無機質 ナトリウム (mg)	無機質 カリウム (mg)	無機質 カルシウム (mg)	無機質 リン (mg)	無機質 鉄 (mg)	ビタミン A レチノール (μg)	ビタミン A カロテン (μg)	ビタミン A レチノール当量 (μg)	ビタミン B1 (mg)	ビタミン B2 (mg)	ビタミン C (mg)
カブの葉	20	92.3	2.3	0.1	3.9	1.4	15	330	250	42	2.1	(0)	2800	470	0.08	0.16	82
西洋カボチャ	91	76.2	1.9	0.3	20.6	1.0	1	450	15	43	0.5	(0)	4000	660	0.07	0.09	43
カラシ菜	26	90.3	3.3	0.1	4.7	1.3	60	620	140	72	2.2	0	2800	460	0.12	0.27	64
キャベツ	23	92.7	1.3	0.2	5.2	0.5	5	200	43	27	0.3	(0)	50	8	0.04	0.03	41
キュウリ	14	95.4	1.0	0.1	3.0	0.5	1	200	26	36	0.3	(0)	330	55	0.03	0.03	14
京菜	23	91.4	2.2	0.1	4.8	1.3	36	480	210	64	2.1	(0)	1300	220	0.08	0.15	55
クレソン	15	94.1	2.1	0.1	2.5	1.1	23	330	110	57	1.1	(0)	2700	450	0.10	0.20	26
ケール	28	90.2	2.1	0.4	5.6	1.5	9	420	220	45	0.8	(0)	2900	480	0.06	0.15	81
小松菜	14	94.1	1.5	0.2	2.4	1.3	15	500	170	45	2.8	(0)	3100	520	0.09	0.13	39
シソの葉	37	86.7	3.9	0.1	7.5	1.7	1	500	230	70	1.7	(0)	11000	1800	0.13	0.34	26
春菊	22	91.8	2.3	0.3	3.9	1.4	73	460	120	44	1.7	(0)	4500	750	0.10	0.16	19
タアサイ	13	94.3	1.3	0.2	2.2	1.3	29	430	120	46	0.7	(0)	2200	370	0.05	0.09	31
ダイコンの葉	25	90.6	2.2	0.1	5.3	1.6	48	400	260	52	3.1	(0)	3900	650	0.09	0.16	53
チンゲンサイ	9	96.0	0.6	0.1	2.0	0.8	32	260	100	27	0.1	(0)	2000	340	0.03	0.07	24
トマト	19	94.0	0.7	0.1	4.7	0.5	3	210	7	26	0.2	(0)	540	90	0.05	0.02	15
ニンジン	37	89.5	0.6	0.1	9.1	0.7	24	280	28	25	0.2	(0)	9100	1500	0.05	0.04	4
パセリ	44	84.7	3.7	0.7	8.2	2.7	9	1000	290	61	7.5	(0)	7400	1200	0.12	0.24	120
ブロッコリー	33	89.0	4.3	0.5	5.2	1.0	20	360	38	89	1.0	(0)	810	130	0.14	0.20	120
モロヘイヤ	38	86.1	4.8	0.5	6.3	2.1	1	530	260	110	1.0	(0)	10000	1700	0.18	0.42	65

参考文献　「五訂食品成分表2001」(女子栄養大学出版部)

◆食事はゆっくりめのブランチが理想

リクガメのエサは、毎日あげるのが基本です。エサをあげる時間帯は、午前中からお昼前頃がベスト。なぜなら、朝はまだ体温が低いから。リクガメは、起床後にホットスポットで体を温めて、それからエサを食べるなど活動を始めます。体が温まった昼頃にエサを食べると、消化の効率がいいのです。

とはいっても、昼にあげるのはムリという場合は、夜より朝あげるのがベター。夜にエサをあげると消化しにくいからです。やむをえず、夜に食べさせる場合は、エサの後、何時間かライトを消さずにケージを温かく、明るいままにしておくというのもひとつの手。

真夏は逆に、暑さから食欲不振になることもあります。そうした場合は、午前中の早い時間や夕方にあげるといいでしょう。

エサを入れた容器を朝ケージに入れたら、そのまま夜まで入れっぱなしでOKです。

◆エサはどのくらいあげたらいいの?

個体によって食欲は違いますが、リクガメの場合、エサは食べるだけあげて大丈夫。肥満になったときは減らさなければいけませんが、普通は量に関して神経質になる必要はありません。

カメは毎日少しずつエサを食べ、長い時間をかけて排泄します。普段でも食べてから排泄まで は2~3日、長いと1週間もかかるのです。体調が悪かったり、消化機能が低下しているリクガメは、排泄までに食べてから数週間もかかることがあります。

◆リクガメにも飲み水をあげよう

リクガメはエサからも水分をとりますが、飲み水がいらないというのは間違い。野生のリクガメを見ても、ギリシャリクガメやヘルマンリクガメは、降雨量の多い時期にもっとも活発になるといわれています。砂漠に生息するホルスフィールドリクガメも、川で水を飲んでいるという報告があります。乾燥地帯に住むリクガメたちにも、当然、水は必要なのです。

水分の多い野菜をあげたときは水は控えてもOKですが、普段は浅い容器の水入れをケージに入れてあげましょう。水をあまり飲まないカメさんは、温浴（P124）がおすすめです。

果物大好き！
…RIKU
byみやまっともみ
ギリシャリクガメのりくちゃん 今は現在9才。
はい りんご
わーい りんごだー
たまに果物をあげます。特にりんごは大好物
数年前…
なあに それ
ちらり
はい いちごだよー
いちごを初めてあげたとき、丸ごとで香りがしないせいかすすんで口をつけませんでした。
が…
食べてみなって
そんなにいうなら
パクッ
あら おいしー
でしょー
果物大好き！特にりんご、梨、いちごに目がないのでした。

リクガメの1週間メニュー例

温帯リクガメのメニュー

曜日	メニュー	曜日	メニュー
月	リクガメ用配合飼料 トマト（少量）	金	野菜 （ダイコンの葉、カブの葉、チンゲンサイなど）
火	野菜 （小松菜、モロヘイヤ、キャベツなど）	土	野菜 （小松菜、モロヘイヤ、パセリなど）
水	野草（タンポポ、オオバコ、クローバーなど） 果物（リンゴ、バナナなど）	日	野菜（小松菜、モロヘイヤ、パセリなど） 野草（タンポポ、オオバコ、クローバー、ハコベなど） 果物（リンゴ、バナナ、イチゴなど）
木	リクガメ用配合飼料 野菜（ダイコンの葉など）		

亜熱帯・熱帯リクガメのメニュー

曜日	メニュー	曜日	メニュー
月	リクガメ用配合飼料 トマト（少量）	金	野菜 （小松菜、モロヘイヤなど）
火	野菜（小松菜、キャベツなど） 肉（鶏の砂肝やレバーなどをゆでたものをあげる）	土	野菜 （キャベツ、チンゲンサイ、パセリなど） 果物（リンゴ、バナナ、イチゴなど）
水	野菜（ダイコンの葉、カブの葉、チンゲンサイなど） 果物（リンゴ、バナナなど）	日	生き餌（コオロギ、ミミズ、ナメクジなど） 野草（タンポポ、オオバコ、クローバーなど）
木	リクガメ用配合飼料 野草 （タンポポ、オオバコなど）		

COLUMN
コラム

カルシウム&ビタミンを効果的に摂取させよう!

リクガメはカルシウムとリンを4～5対1の比率でとり、ビタミンD_3も補給されていることが必要です。この条件がクリアされないと、腸管内でカルシウム吸収ができなかったり、吸収されても骨に蓄積されないことになります。けれども、逆にカルシウム剤を大量に摂取しすぎると、石灰沈着や結石の原因にもなるので要注意。

野菜を中心とした一般的なエサでは、カルシウムが不足することのほうが多いので、カルシウム剤の補給がおすすめ。ハ虫類用のカルシウム剤で、リンが含まれず炭酸カルシウムを成分としたものを与えましょう。卵の殻を砕いたものも、カルシウム補給になります。

また、ビタミンD_3を配合したカルシウム剤や、市販のハ虫類用ビタミン剤などもあり。こうしたサプリメントは、日常的にエサにふりかけて食べさせるといいでしょう。

▲ハ虫類用のビタミン剤、カルシウム剤など。

そうじをする

清潔だと気持ちいいカメ〜！床材を交換していつもキレイに

カメさんの健康のためにも、ケージはいつも清潔にしておきましょう。

まず、毎日エサやりのときにケージをチェック。エサの食べ残しやフンなどの排泄物を見つけたら、取り除いておくこと。カメの排泄物は、フン、尿、尿酸の3種類。フンは濃い緑から黒っぽい色、尿は透明から黄色がかった液体で、尿酸は白いドロッとしたものです。排泄は普通、1日1回から、2〜3日に1回のペース。

床材として新聞紙を敷いている場合は、排泄物があるたびに取りかえれば、清潔に保てます。園芸用の土や爬虫類用の床材などを入れている場合は、排泄物だけはそのつど取り除き、週に1〜2回、床材の表面を新しいものと交換。そして、月に1、2回は床材をすべて取りかえてあげましょう。床材によって清潔に保てる期間は変わるので、様子を見てそうじを。

水生ガメは水にフンをするので問題ありませんが、リクガメはフンを腹甲につけてしまうことも多いもの。「ふと気づいたらケージじゅうがフンまみれ！」なんてこともありがち。こんなときは、すみやかに排泄物を取り除き、カメを洗ってあげましょう。

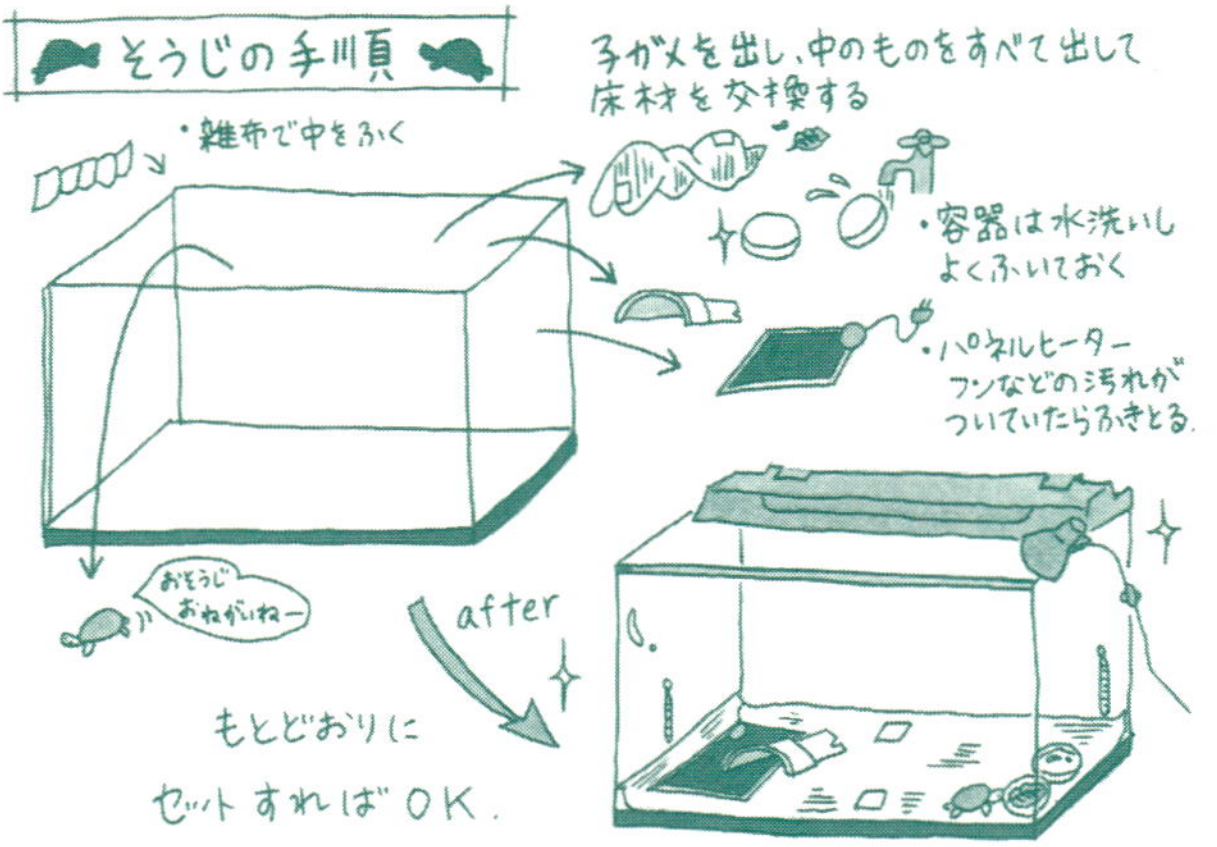

そうじの手順
・雑布で中をふく
子ガメを出し、中のものをすべて出して床材を交換する
・容器は水洗いしよくふいておく
・パネルヒーター フンなどの汚れがついていたらふきとる.
おそうじ おねがいねー
after
もとどおりに セットすれば OK.

カメの気持ち

リクガメは土を食べる必要があるのか?

床材に土を選ぶ理由のひとつに「カメが土を食べる」ということがあります。野生のカメは、草と一緒に必然的に土も食べます。はっきり確認されてはいませんが、土はカメの健康に関わりがあるようなのです。

土の役割としては、不足しがちなミネラルを摂取したり、繊維質不足のときには消化に役立つということが考えられます。

実際、体調の悪いカメが、すすんで土を食べるという例もあるとか。もし、あなたのカメが土を食べるようなら、この習慣を利用して土の表面に炭酸カルシウムをまいておくのもおすすめです。

温浴をさせる

水分を摂取し便秘防止に効果あり！リクガメをお風呂に入れてあげよう

◆リクガメはお風呂好き？

リクガメの中でも、とくに乾燥地帯に住む地中海リクガメは、水があまり必要ないと思われがち。でも、水はやはり必要です。飼育下のリクガメたちは、むしろ水分不足になっているカメが多いよう。食欲がないリクガメを水に入れてあげると、ゴクゴク水を飲むこともあります。

そこでおすすめなのが、リクガメをお風呂に入れること。ぬるめのお湯を浅い容器に入れ、カメを入れてあげるのです。この温浴のメリットはいろいろ。まず、水分が不足しているカメなら、自分で水を飲むのです。便秘や結石になることが多いリクガメにとって、水分補給はとても大切です。そして、お湯に入ることで体を温めることもできます。体調が悪いカメや、冬眠から目覚めたカメにも温浴はとてもいいでしょう。

温浴をさせると、ほとんどのカメは、気持ちよさそうに入っているもの。しばらくして排泄することもあります。水を飲んだり、体温が上がったりしたために排泄が促されるのです。

温浴は、できれば毎日させてあげて習慣にしましょう。少なくとも2〜3日に一度は温浴を。お湯の中で排泄する習慣がつくと、健康にもよくそうじもラクになって一石二鳥。カメがお風呂でくつろいでいる間にケージのそうじをしておいてあげれば、至れり尽くせり！

◆のんびり朝湯がベスト！

温浴の温度は、人のお風呂よりはぬるく37度くらいの人肌でOK。カメが完全にお湯に入ってしまうのではなく、水面から頭が半分出るくらいの浅さにします。時間帯はエサを食べた前後で、朝や午前中がよいでしょう。排泄をしたときは、きれいに流してあげて。お風呂の後はしっかりふいて乾燥し、カゼをひかないようにしてあげることも大切です。温浴の後は、ホットスポットで日光浴をさせてあげましょう。

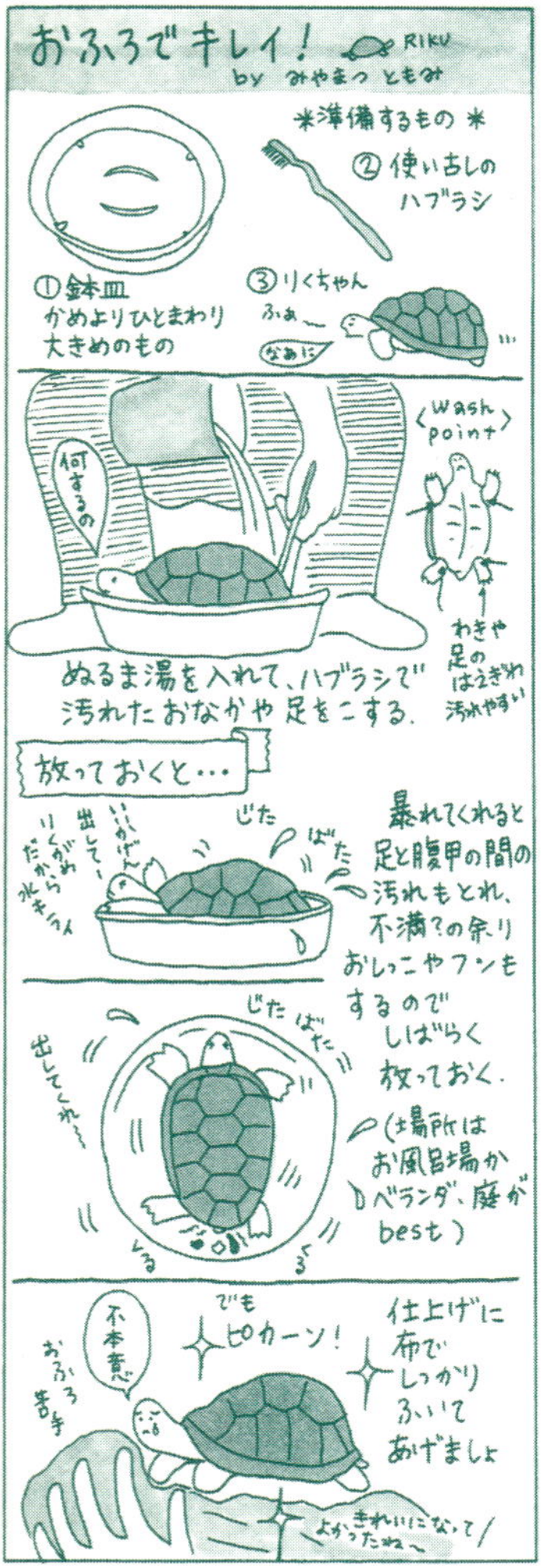

おふろでキレイ！
RIKU
by みやまつ ともみ
＊準備するもの＊
①鉢皿
かめよりひとまわり大きめのもの
②使い古しのハブラシ
③りくちゃん
ふぁ〜
なあに
何するの
<wash point>
わきや足のはえぎわ汚れやすい
ぬるま湯を入れて、ハブラシで汚れたおなかや足をこする。
放っておくと…
いいかげん出して！
りくがめだから水キライ
じた ばた
暴れてくれると足と腹甲の間の汚れもとれ、不満？の余りおしっこやフンもするのでしばらく放っておく。
(場所はお風呂場かベランダ、庭がbest)
出してくれ〜
じた ばた
でも ピカーン！
不本意
おふろ苦手
仕上げに布でしっかりふいてあげましょ
きれいになってよかったね〜

光と温度

積極的に日光浴をさせよう！光と温度の世話のポイント

◆朝から夜までライトを照射

自然界のリクガメは、ヌマガメ以上に太陽にあたる時間が長いもの。陸場に住むリクガメたちは、歩いたり、食べたり、昼寝したりと、ずっと太陽にあたっていることが多いからです。というわけで、ハ虫類用ライトやスポットライトはリクガメには欠かせない重要アイテム。太陽のかわりのライトは、カメの生理活動になくてはならないものなのです。

ハ虫類用ライトやスポットライトは、昼間は点灯し、夜には消すのが基本。照射時間は、夏は1日14時間、春秋は12～13時間、冬は11～12時間くらいがいいでしょう。

ライトを消すことで、昼夜の温度差をつけることも大切です。つけたり消したりがメンドウだったり、生活時間帯が不規則な人は、タイマーを利用するのがおすすめ。

◆できるだけ日光浴をさせてあげよう！

いつもは人工的な日光浴でガマン(?)しているリクガメですが、できるだけ天然の太陽を浴びさせてあげましょう。子ガメでケージが小さいうちは、ベランダや庭にケージごと出すだけで

●リクガメの飼育環境の理想温度

	時間帯	基本温度	ホットスポット
温帯のリクガメ	昼	20～26度	30～34度
	夜	15～20度	消灯
熱帯・亜熱帯のリクガメ	昼	23～28度	30～34度
	夜	18～25度	消灯

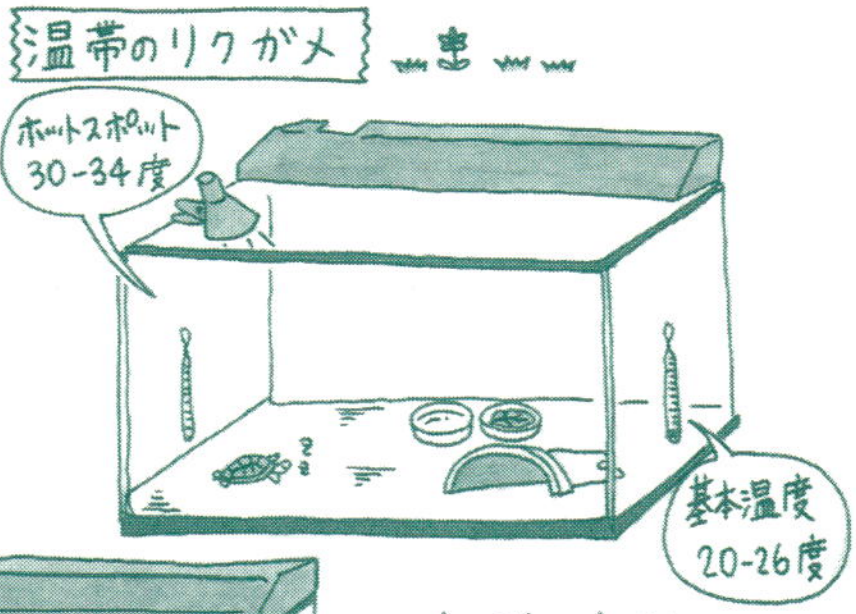
温帯のリクガメ
ホットスポット 30-34度
基本温度 20-26度

熱帯のリクガメ
ホットスポット 30-34度
基本温度 23-28度
ケージの中で温度勾配を作ろう

もOK。ガラスを通さず太陽光を直接浴びることで、紫外線の恩恵をたっぷり受けられます。1回20分くらいでも十分です。

子ガメを屋外に出すときは、カラスやネコに襲われたりベランダのすきまから落下しないよう注意。また、カメが日射病にならないように、かならず日陰を作ること。

◆ケージ内の温度は毎日チェック!

ケージ内の温度は毎日チェックする習慣をつけましょう。ケージの中でもホットスポットとそれ以外の場所で、温度勾配を作ります。昼と夜の温度差も必要で、温帯のカメは温度差を大きく、亜熱帯・熱帯のカメは小さくします。ライトを消すことで、夜の温度を下げて調節します。温度管理には、エアコンやヒーター類を利用するといいでしょう。

COLUMN
コラム

子ガメを観察して成長を記録しよう！

◆元気に成長しているかな？

ケージの準備を整えて、子ガメを入れてあげれば、「カメのいる暮らし」が始まります。小さなカメが泳いだり、エサを食べたりする姿を楽しみながら、元気に育つように見守ってあげましょう。

家に来てすぐは、エサをなかなか食べない子ガメもいます。いつまでたっても食べないようなら、嗜好性の強い乾燥飼料や生き餌をあげてみてもよいでしょう。

環境になれてくれれば、ちゃんと食べるようになるはず。食欲は元気の基準ですから、エサの食べ残しもチェックします。

子ガメの成長チェックのため、大きさなどをはかってみましょう。カメの大きさは甲長、つまり甲羅の長さで表します。これは甲羅のカーブにそってではなく、甲羅の前から後ろまでを直線で計ったもの。体重を計るときは、台や箱に入れてスケールにのせ、あとから容器の重さを引いて計測するのがカンタン。子ガメのうちは、10グラム単位まで計れる料理用スケールが便利です。

カメを持つときは、甲羅をしっかりと持つこと。落としてケガをさせないよう注意します。

ただし、カメをなでたりかまいすぎるのはよくありません。カメは触られることがストレスになりますから、必要以上にいじらないこと。

また、カメには、サルモネラ菌などの細菌もあります。「触ったらダメ！」というものではありませんが、赤ちゃんがカメをなめたりしないよう注意して。大人ももちろん、カメを触ったあとは、手をきれいに洗う習慣をつけましょう。

COLUMN

子ガメの持ち方

横から持つ

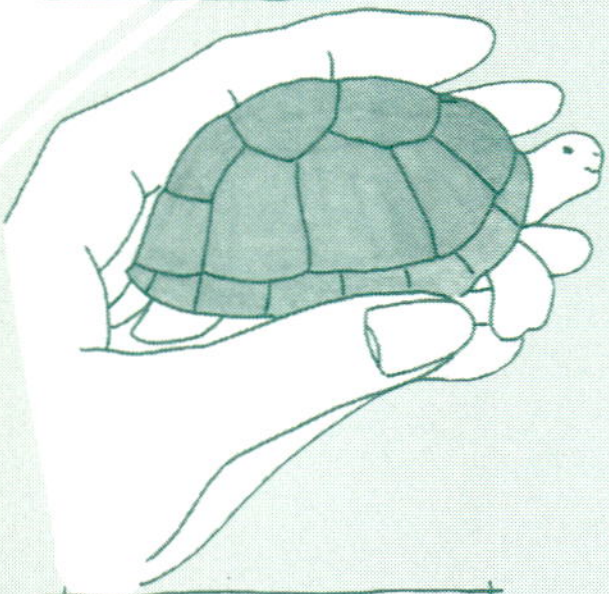

上から持つ

甲長をはかる

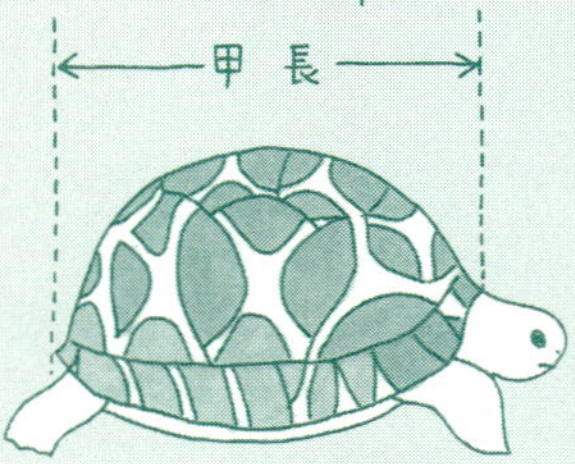

カメの甲長は
◀この直線部分を
はかる

上から見ると…

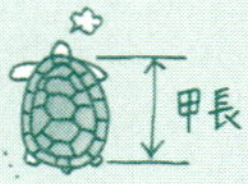

体重をはかる

容器に入れて
はかり
重さを出す

全体－容器の重さ
＝カメの体重

COLUMN
コラム

◆観察日記をつけよう

手の平にのるほどかわいかった子ガメも、いつのまにか大きくなっていきます。毎日見ていると変化に気づきにくく、しまいには、「家に来てから、何年たったっけ?」なんてことにもなりかねません。飼育の記録のためにも、観察日記をつけておくのがおすすめです。

日記といっても、毎日つけることはありません。ときどき甲長や体重をチェックして、ついでにカメの様子を書いておきましょう。

食べたエサの種類や量を記録すると、だんだんとカメの好みや、食欲も把握できるようになります。ケージ内の温度なども書いておけば、季節の変わり目など、昨年の同じ頃の日記を見て参考にすることもできますね。

カメと家族のエピソード、写真やイラストなどを入れて、楽しい日記をつけてみましょう。

ギリシャリクガメ りくちゃんの観察日記

○月○日
快晴 気温 24°c

＊ケージ温度(午後2時にチェック)
・26°c

＊ホットスポット
・32°c

＊エサ… キャベツ、りんご、クローバー

＊甲長…16.8 cm

＊体重… 790 g

＊今日は天気がよいので午前中、ベランダで温浴&日光浴させた。

＊温浴中にフンも出て食欲もあり快調!

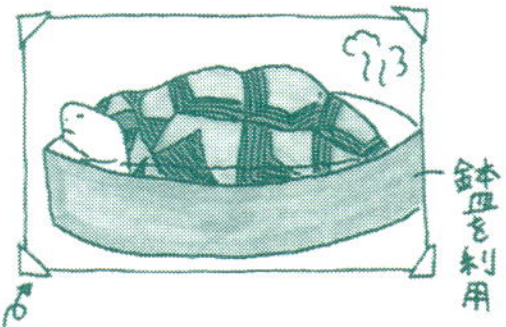

気げんよく温浴中

PART 4

成長したカメにのびのび暮らしてもらうコツ

おとなガメのシアワセ生活術

ヌマガメが大きくなった!

小さな子ガメも、あっという間に立派なおとなガメに成長します。のびのび遊ばせて、元気で長生きしてもらおう!

飼育グッズ

成長に合わせてケージを大きく。飼育グッズもおとなガメ用に見直しを

◆ケージを大きくしてあげよう

カメのケージは、カメの成長に合わせて大きくしてあげましょう。カメだって、ずっと狭い場所にいたのでは、ストレスがたまってかわいそう。ケージは広ければ広いほどよく、甲長が30センチ以上のヌマガメなら、2～3畳以上の広さの池に入れてあげたいところ。もちろん、水槽に水を入れて飼う場合は限界があるでしょう。泳げる広さを確保するために、少なくとも甲長の3倍以上、できれば数倍の幅がある水槽に住んでもらいます。脱走も得意なので要注意。また、ヌマガメはおとなになると陸場にいる時間が長くなるもの。ゆったりした広さで、のんびり甲羅干しをしてもらいましょう。

◆ろ過装置をつけて設備面もグレードアップ

おとなガメの水深は、甲羅の高さの3倍くらいがベスト。ろ過装置や水中ヒーターを入れれば、そうじや世話がラクになって、お互いに一石二鳥ですね。

【飼育容器】

できるだけ広い容器を用意。衣装ケースは安くて軽いので便利。

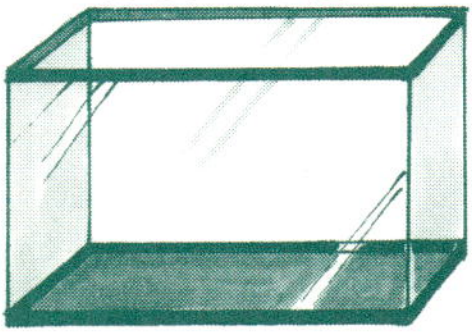

水槽

甲長20センチ以上のおとなガメは、90～150センチの大きな水槽を使いたい。

衣装ケース

プラスチック製の衣装ケースは大きくて軽いのでおすすめ。

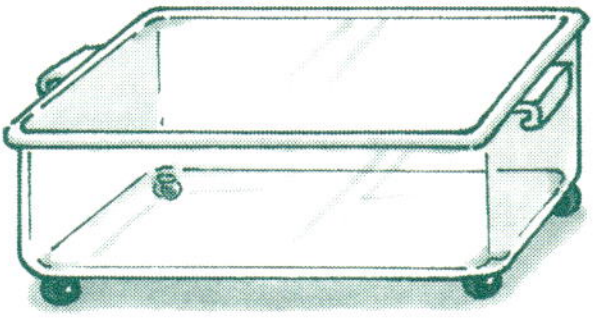

【ろ過装置】

水をきれいにするグッズ。水がえの回数を減らすことができる。

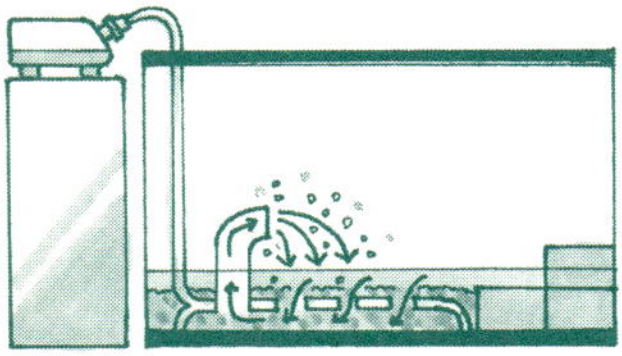

底面フィルター

底に砂利を入れて使うタイプ。安価で見た目はキレイだが、そうじはちょっとメンドウ。

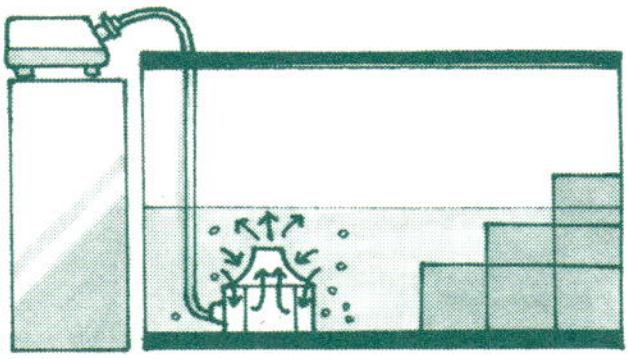

投げ込み式フィルター

水槽にドボンと入れるタイプ。エアポンプとエアチューブが必要なタイプと、エアポンプと一体化しているものがある。

外部フィルター

水槽の外にろ過装置を置くタイプ。高価だがろ過能力はイチバン高い。

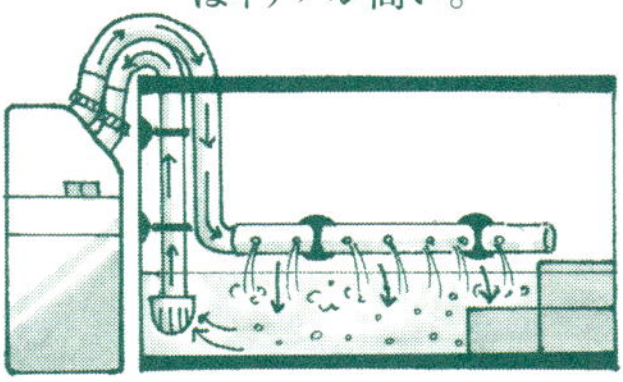

【保温グッズ】

水温は水中ヒーターで管理するととてもラク。

水中ヒーター

サーモスタットつきのタイプが便利。26度に水温を保つので、夏場以外に入れるとよい。

ケージのセット

カメはどんどん大きくなる！ゆったり動ける広さを確保しよう

◆水生ヌマガメのケージ・セッティング

ケージを大きくしたら、子ガメのときと同様に、ハ虫類用ライトとスポットライトを設置します。十分泳げるように水深を深くし、陸場もレンガを重ねるなど高いものに変更。スポットライトは陸場にあたるようにして、ホットスポットを確保します。スポットライトは、高温になっているときに水がかかると割れるので大変キケン。また、クリップ式だとはずれやすく火事の原因になることも。水がはねたくらいでは届かない高い位置に、ネジなどでしっかり固定して。ろ過装置は価格とろ過能力、そうじの手間を考えて選びます。水がえは投げ込み式や底面式なら月に2〜3回、外部式フィルターなら月1回くらいで済むようになります。

◆陸生ヌマガメのケージ・セッティング

陸生ヌマガメのケージは、大きくすればOK。ケージ以外に新たに増やすグッズはありません。カメの甲長に合わせて、ケージを広くしてあげましょう。シェルターや水入れも、カメの大きさに合わせて交換してあげます。

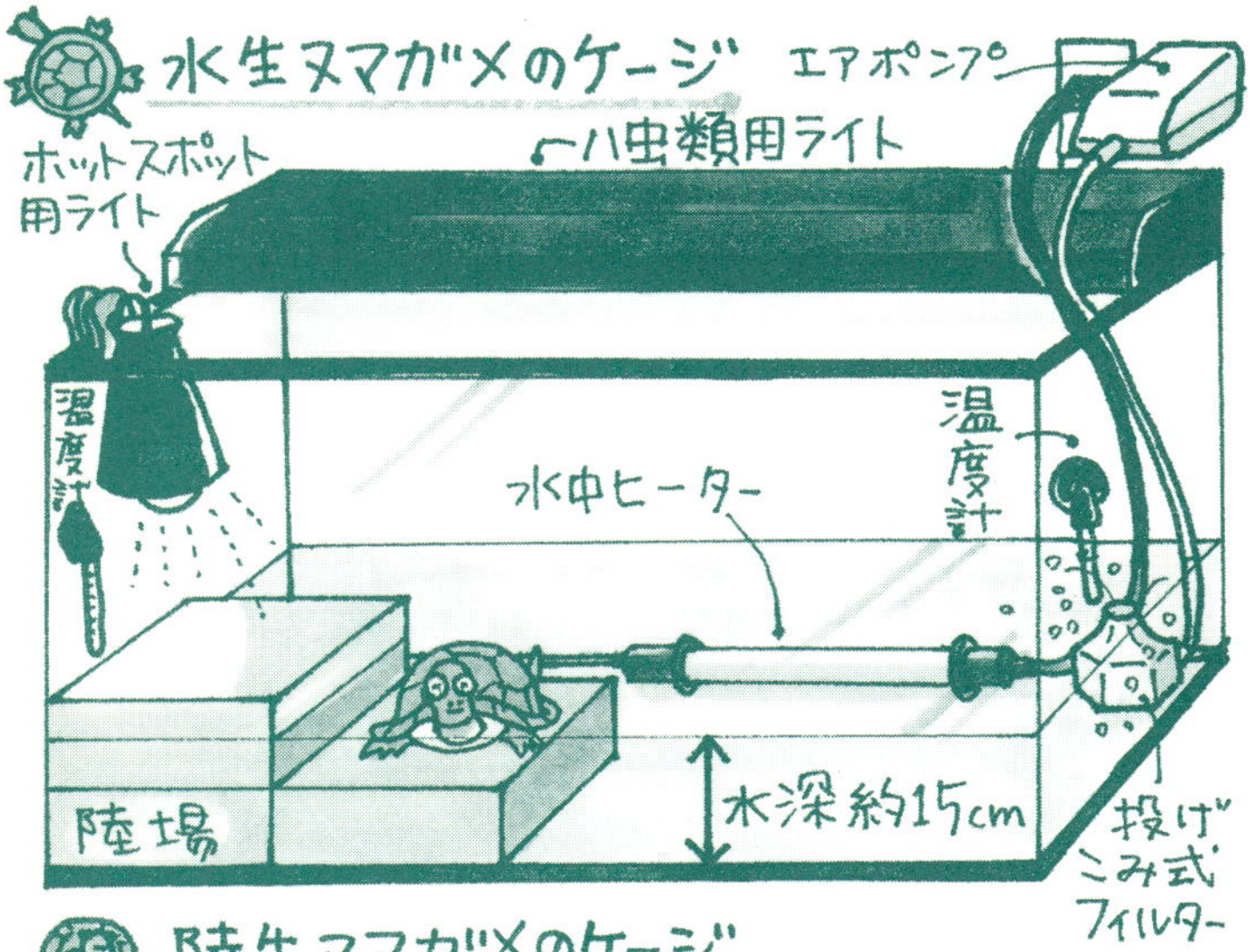
水生ヌマガメのケージ
エアポンプ
ハ虫類用ライト
ホットスポット用ライト
温度計
温度計
水中ヒーター
陸場
水深約15cm
投げこみ式フィルター

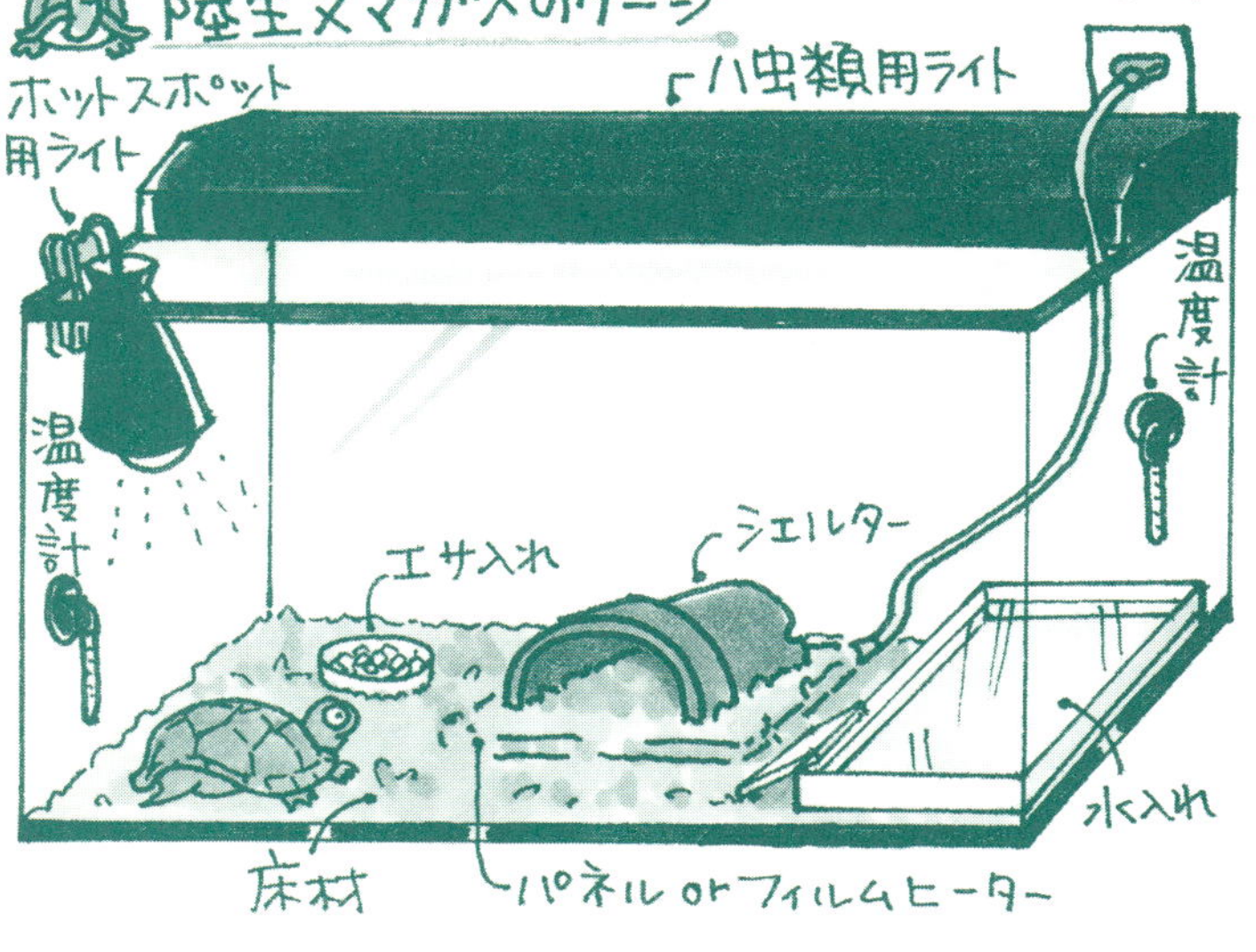
陸生ヌマガメのケージ
ハ虫類用ライト
ホットスポット用ライト
温度計
温度計
シェルター
エサ入れ
水入れ
床材
パネル or フィルムヒーター

室内の飼育例

部屋に「カメコーナー」を作って散歩ができるカメにする!

「カメにのびのびさせてあげたいけど大きな水槽を置く場所がない」という場合は、ちょっと発想を変えてみて。ヌマガメは水生とはいっても、24時間水中にいるわけではありません。陸場に上がって日光浴もするし、おとなになると陸にいる時間が長くなるはず。そこで、ケージをカメの水場、その周囲、つまりケージのまわりを陸場と考えてみてください。

水に入りたいときはケージの中で過ごし、陸に上がりたいときは外へ出てくるのびのびガメにするのです。そうすれば、カメはいつでもお散歩自由。水槽の中に大きな陸場を入れる必要もなくなり、泳ぐスペースも広々。水場は大型プラスチックケースの中に作ります。

水槽には、カメが自分で出入りができるように、石やレンガで階段を作りましょう。こうすれば、カメは水槽から出入り自由。陸場には、紫外線ライトやホットスポットを設置した場所を作り、「カメコーナー」としましょう。室温を確認し、寒いようなら部屋をエアコンなどで暖房。自由に歩ける陸場が広いと、カメものびのびと暮らすことができます。カメは、ちゃんと明るい窓ぎわや暖かいところに行くので、お気に入りの昼寝スポットも見つけるでしょう。

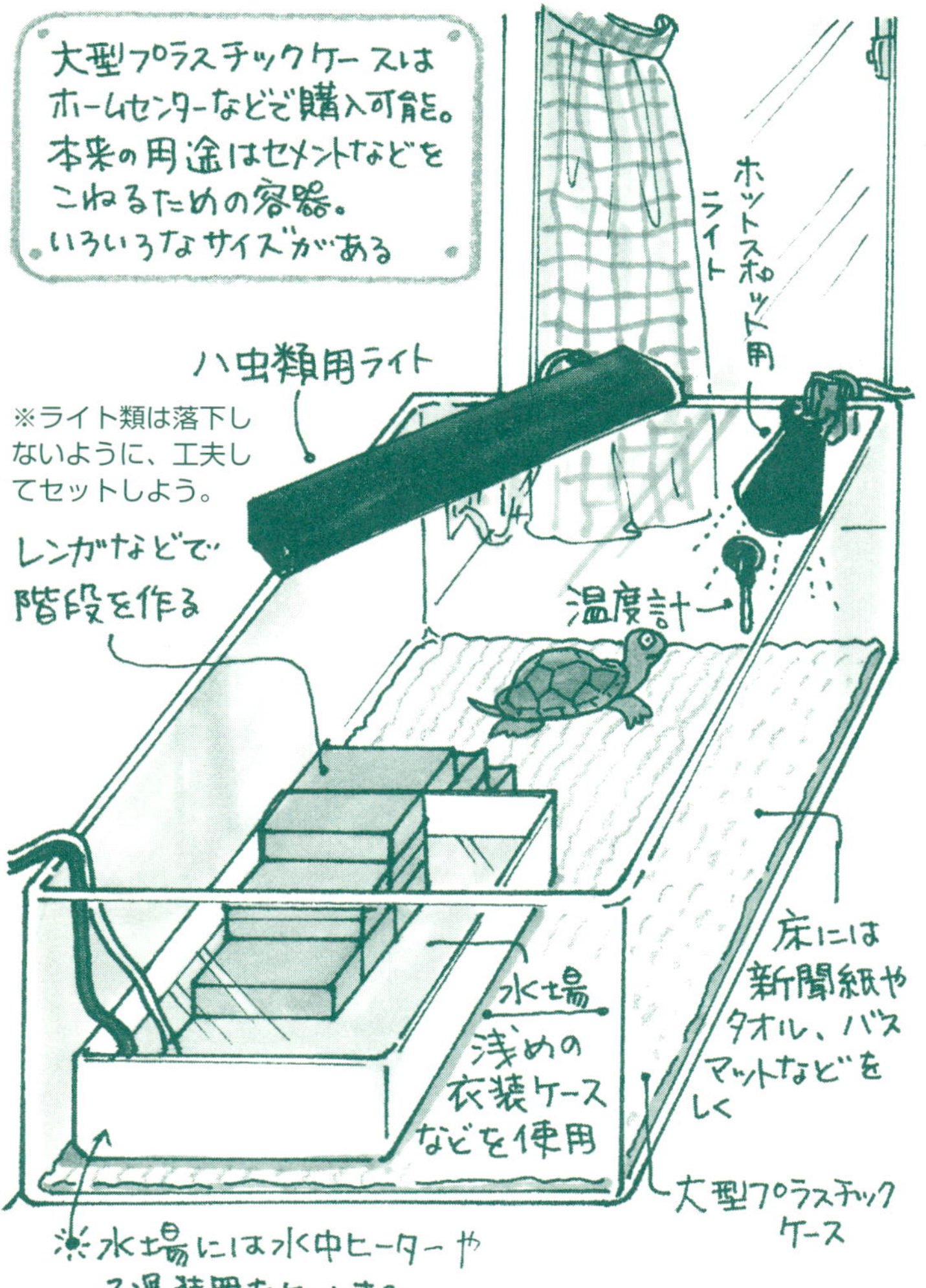
大型プラスチックケースは
ホームセンターなどで購入可能。
本来の用途はセメントなどを
こねるための容器。
いろいろなサイズがある
ホットスポット用ライト
ハ虫類用ライト
※ライト類は落下しないように、工夫してセットしよう。
レンガなどで階段を作る
温度計
床には新聞紙やタオル、バスマットなどをしく
水場
浅めの衣装ケースなどを使用
大型プラスチックケース
※水場には水中ヒーターやろ過装置をセットする

※陸生ヌマガメは水場を浅くする。

ベランダで飼う

初夏から秋はベランダへ！楽しい「カメランド」を作ろう

初夏から秋にかけての暖かい季節は、ベランダで飼うことも可能です。日あたりのいいベランダなら、たっぷり日光浴ができてカメにとっても幸せ！　水場と陸場をレイアウトした手作りカメランドで過ごすカメを眺めるのは、飼い主さんにとっても心なごむものでしょう。寒い時期には、種類によっては冬眠させるか、冬眠させないなら室内飼いにします。

水生ヌマガメのカメランド計画は、まず水場を確保することからスタート。プラケース、衣装ケース、浅めの水槽などで水場を作り、カメが自分で出入りできるように足場を作ってあげましょう。ろ過装置など電気を使うものはつけられないので、水がえがしやすい容器にするのがポイント。カメが大きくて広い水場が必要なら、水槽に穴を開けてバルブなどをつけると、そうじがしやすくなります。かならず日陰を作って、カメが日射病にならないようにしましょう。

カメが逃げたり、ベランダの隙間から落ちたりしないように、大型プラスチックケースを利用するのがおすすめ。カラスなどから守るため、見ていないときは上に金アミをかけると安心です。陸生ヌマガメも水槽を浅い水入れにして、アレンジを。

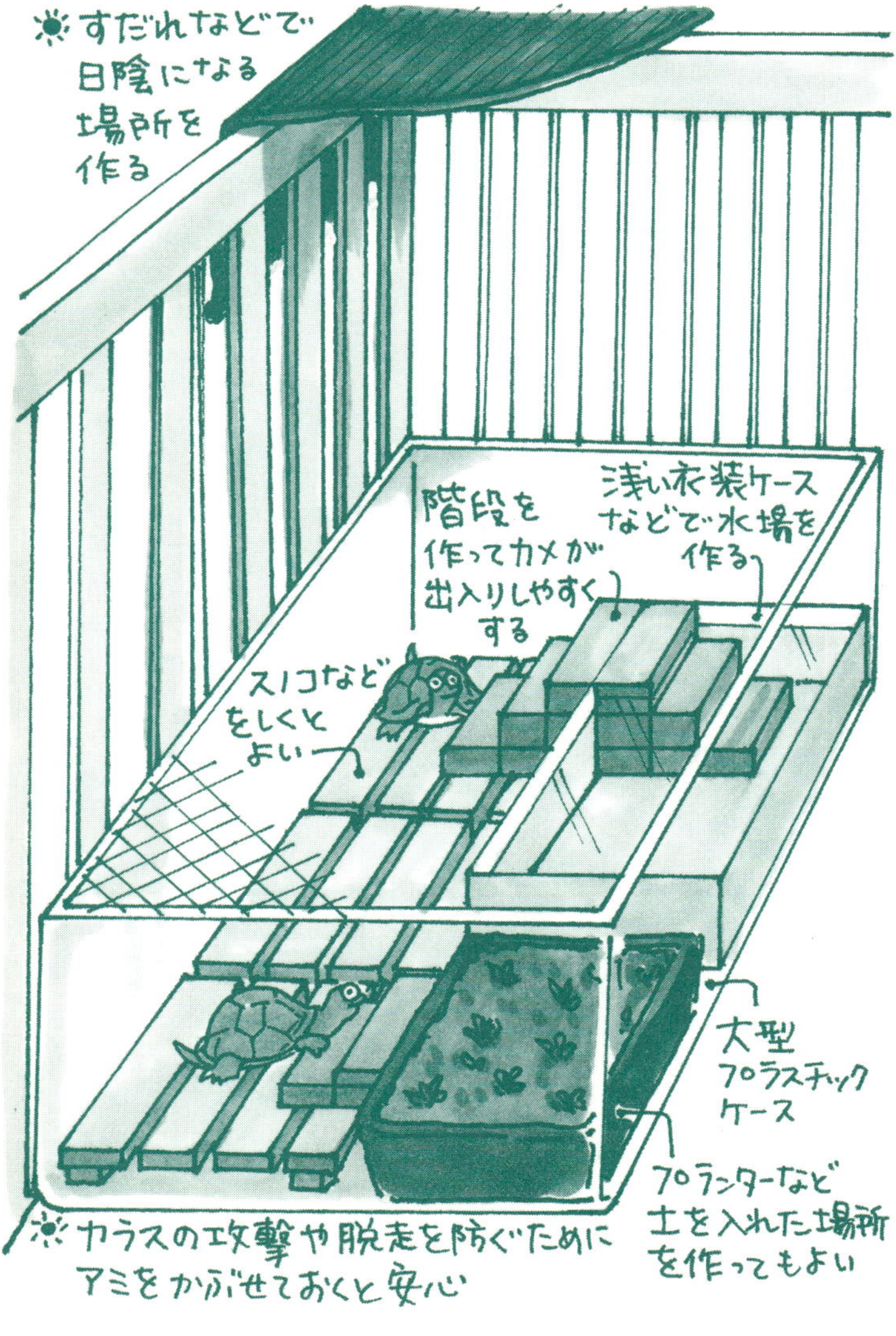
すだれなどで
日陰になる
場所を
作る
浅い衣装ケース
などで水場を
作る
階段を
作ってカメが
出入りしやすく
する
スノコなど
をしくと
よい
大型
プラスチック
ケース
プランターなど
土を入れた場所
を作ってもよい
カラスの攻撃や脱走を防ぐために
アミをかぶせておくと安心

庭で飼う

屋外飼育なら、カメも飼い主も大満足

庭でカメを飼うなら、自然に近い環境にできるので、カメが喜ぶことマチガイなし。イシガメやクサガメなど日本に生息する種類や、完全に帰化しているミシシッピーアカミミガメをはじめ、ヌマガメを庭で飼うことは可能です。北海道、東北といった冬の寒さが厳しい地域以外なら、1年中庭で飼うこともできます。ただし、冬眠させるのが心配であれば、冬だけは室内のケージに入れて温度調節をしてあげましょう。

庭に水場のための池を作り、その中に陸場を作ります。池があまり広くないなら、池の外に自由に出られるようにして、池のまわりを陸場にしてもOK。水深はカメが首をのばして呼吸できるくらい浅いところを作り、30センチ以上深い場所も作ります。池が浅いと、夏場に水温が上がりすぎてカメが入れなくなったり、冬場に凍って冬眠ができなくなったりと問題があるのです。陸生ヌマガメの場合は、カメが浸れるくらいの浅い水場でいいでしょう。

カメが脱走しないように池や陸場のまわりを囲い、上には金アミなどをつければ安心。陸場と水場にすだれなどを使って日陰を作ります。植木で部分的に陰を作るのもおすすめです。

※すだれなどで日陰になる場所を作り、カラスやネコの攻撃から守るためにアミなどをかぶせるとよい
大型プラスチックケースや、ひょうたん池を埋めて水場を作る
階段を作って登りやすくする
ブロックなどでへいを作ろう

毎日の世話

カメ的に快適な環境を整えて毎日、元気に過ごしてもらおう

◆エサは午前中のうちにあげる

カメの食事タイムは、子ガメのときと変わらず、朝から午前中が基本。カメが活動している日中が、体温も上がっていて消化がしやすいためです。おとなのカメは毎日エサをあげなくても大丈夫ですが、飼育下では毎日か1日おきくらいがいいでしょう。実際は1週間くらい絶食することもできます。

カメの食欲がないときは、温度などの環境が適切でないことが考えられます。温度が低すぎると食欲も落ちるし、ヌマガメの場合は水が汚いと食べないということも。環境に悪いところがなければ、病気の可能性があるので動物病院へ連れて行きましょう。

◆まめにそうじしてケージを清潔に！

ケージは毎日、排泄物とエサの食べ残しをチェックして取り除いておくこと。水生ヌマガメのケージは、水がえのときに陸場やシェルターなどを水洗いしましょう。水がえのときにろ過装置のそうじも忘れずに。陸生ヌマガメは、定期的に床材を交換してあげます。

◆光と温度の世話

弱いカメは子ガメのうちに死んでしまうことも多く、大きく成長するにつれて丈夫になってきます。けれども、光や温度は、子ガメのときと同じように必要不可欠なもの。引き続き快適な温度管理をしてあげましょう。

ケージが大きくなると、ホットスポットでケージ全体が温まってしまうなどの問題がなく、温度管理はしやすくなります。水温も水中ヒーターで一定に保つことができるので、それほど神経を使わなくてもいいですね。

◆日光浴をさせよう

カメが喜ぶ日光浴は、週に一度でも、たとえ1回20分くらいでもしてあげたいもの。太陽光の紫外線を浴びることは、短時間でも効果的です。日陰もある場所でさせましょう。

カメの気持ち

食べすぎに注意。デブガメが急増中!?

カメのエサは食べるだけあげていいのですが、中には食べ過ぎて太ってしまう肥満ガメもいます。これはリクガメよりもヌマガメに多く、やはり飼育下では運動不足が原因となっているのでしょう。

甲羅に四肢を引っ込めたとき、肉がはみだすようなら立派な肥満ガメ。ダイエットの必要ありです。とはいっても、カメにむりやり運動させるわけにもいかないので、食事制限をしましょう。

ヌマガメの場合は、エサの内容よりも、量を少なくしていきます。おとなガメなら1、2日おきにエサをあげてもOKです。

リクガメが大きくなった!

立派な甲羅でガシガシ歩く迫力あるリクガメは、とてもカッコイイもの。活動的なので広いスペースを確保してあげよう。

飼育容器

とにかく広いスペースを用意。心ゆくまで運動させてあげよう

リクガメ飼育のもっとも大切なポイントのひとつに、「カメが大きくなってきたら、どんなケージで飼うのか?」という問題があります。計画性も知識もなく、「こんなに大きくなるとは思わなかった」などと、あとからあわてるようなことでは、カメと暮らす資格ナシ! ましてやカメを捨てたり、ペットショップに返すなんてことは論外です。

どうやってカメがストレスにならず、元気に過ごせるのかを計画的にしっかり考えておくべき。どんな住宅でも、とりあえず可能なのは、ケージでの飼育でしょう。最低でも、甲羅の大きさの4~5倍を目安に、大きくなったリクガメに合わせて、できる限り広くて頑丈なケージを用意しましょう。

◆立派なカメには立派なハウスを! おとなガメのケージ作り

ケージ作りで大切なのは、なんといっても十分なスペースを確保すること! これにつきます。のんきに昼寝や甲羅干しをしているイメージが強く、ノロマの

代表のようにいわれるカメですが、これははっきりいって、大きなマチガイ。

リクガメは意外に活動量が多く、しかもガシガシとかなりのスピードで歩くもの。甲長が約70センチにもなるケヅメリクガメも、スペースさえあれば相当歩きまわります。三歩歩いてぶつかるようなケージでは、あまりにカメが気の毒です。

水槽のほか、プラスチック製の衣装ケースなどを利用するのもおすすめ。ベストなのは、手作りケージ。木製などで、カメの大きさと部屋の大きさに合わせて作ってみましょう。

ケージを大きくするのが理想ですが、室内では限界もあるでしょう。そういう場合は、なるべくケージから部屋に出して、散歩をさせてあげましょう。

【飼育容器】

リクガメの大きさに合わせて、ゆったりしたものを選ぼう。

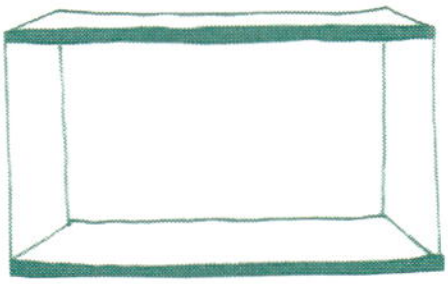

水槽
90、120、150センチの大型水槽を使用。水槽はハ虫類用ライトなどが取り付けやすく、保温もしやすいのがメリット。

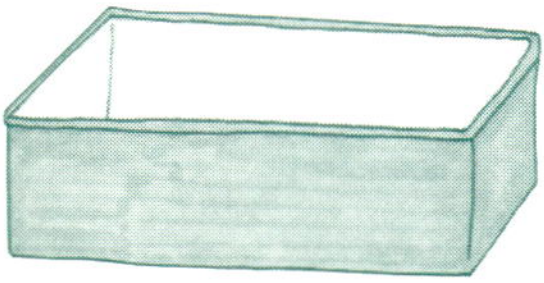

衣装ケース
軽くて安価なので飼育容器におすすめ。

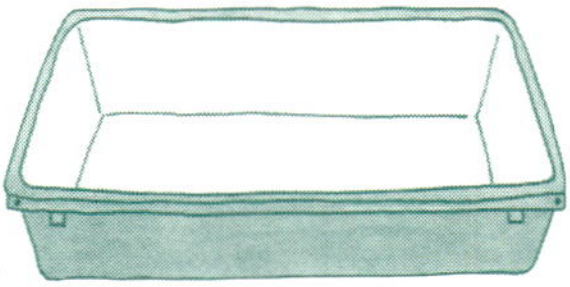

大型プラスチック・ケース
日曜大工店などで入手できるプラ箱。各サイズあるので便利。

温室を利用

保温しやすく湿度管理もラク。植物用の温室を利用しよう

リクガメを飼う上で、温度や光の管理がしやすく、ある程度の広さを確保できるケージとして、植物用の温室を使う人たちが増えています。サイズはメーカーによっていろいろありますが、幅が80センチから1メートル前後、奥行きが45センチ程度のものが使いやすいようです。底面積は水槽とあまりかわりませんが、すべての面がガラスで、前面や側面が引き戸になっているのが特徴。

こうしたガラスケースは、もともと温室として使うものですから、保温しやすいのが最大のメリットです。上の段に植物を入れておくと、植物のおかげで適度な湿度も得られ、見ために も自然でいい感じ。カメは下の段だけで飼うようにします。

カメを入れる下段には、床材を敷き、シェルターや水入れなどを入れてあげます。上に八虫類用ライトをセットし、片側の一角にはスポットライトを設置。30〜34度程度のホットスポットを作ります。また、前面が開くので、ここから外に出られるように工夫するのもおすすめです。階段を作れば、カメが自由にケージと室内を移動できますね。

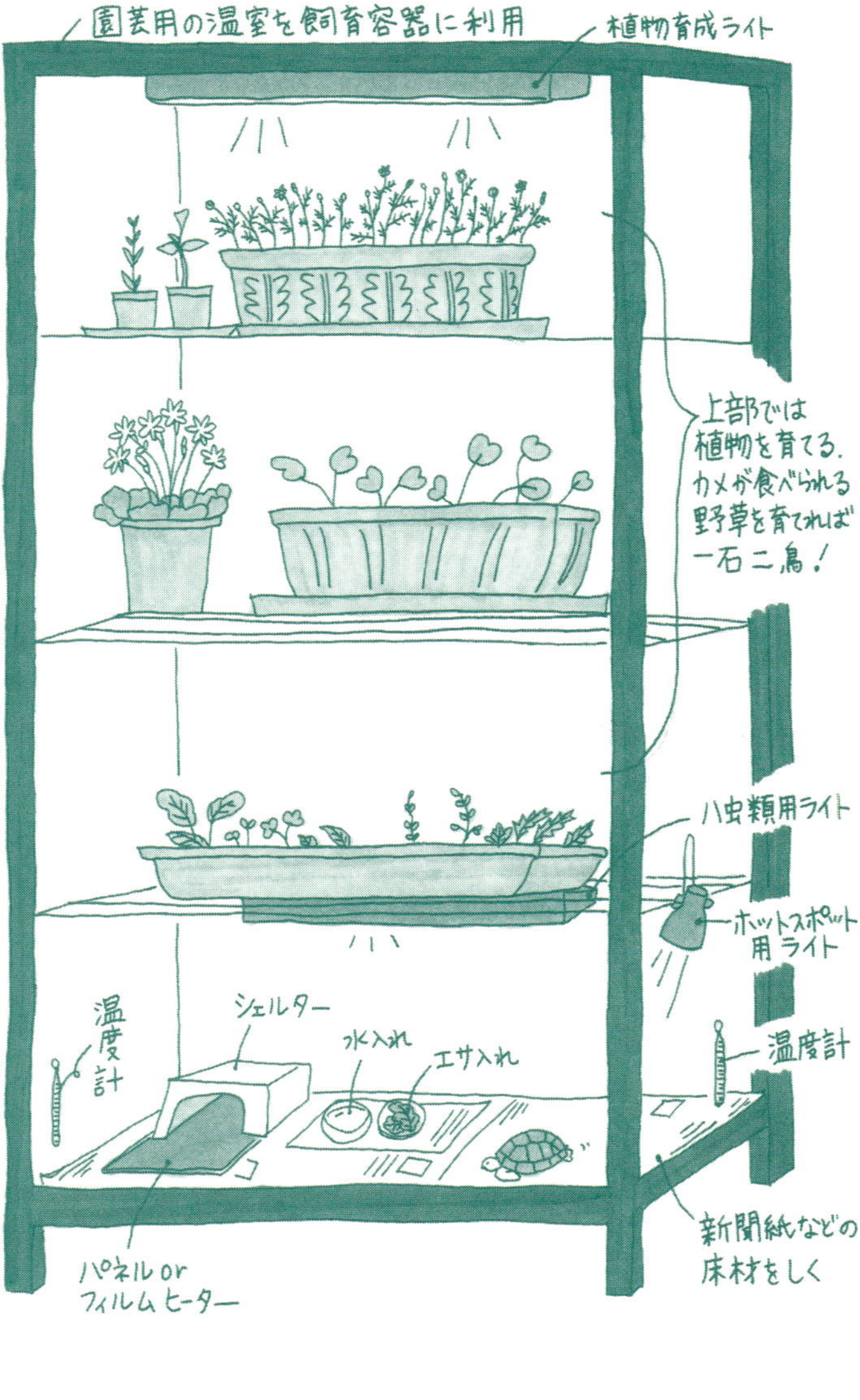

園芸用の温室を飼育容器に利用
植物育成ライト
上部では植物を育てる。カメが食べられる野草を育てれば一石二鳥！
ハ虫類用ライト
ホットスポット用ライト
温度計
シェルター
水入れ
エサ入れ
温度計
新聞紙などの床材をしく
パネル or フィルムヒーター

室内の飼育例

「カメコーナー」+「放し飼い」なら活発に運動するリクガメもOK

大型の水槽や温室を置くほかにも、おとなのリクガメをのびのびと飼う方法があります。それは、大型プラスチックケースを利用した広い「カメコーナー」を作るやりかた。イラストのようにハ虫類用ライトやホットスポット、シェルターなどを設置すれば、快適なカメコーナーのできあがり。甲長30センチくらいまでのカメなら、運動スペースもばっちり確保できますね。

また、リクガメを部屋に放し飼いにする方法もあります。カメが悠々と歩いている部屋なんて、想像しただけでも楽しいもの。衛生的な問題が気にならないなら、思い切って部屋をカメに開放し、座敷ガメにするのがおすすめです。この場合、カメがいる部屋全体がケージなので、室温を保つことが必要です。最低温度は冬でも18~20度くらい、夜は温帯のカメで15~20度、亜熱帯・熱帯のカメなら18~25度を厳守しましょう。室内には、ハ虫類用ライト、ホットスポット、シェルター、エサ入れ、水入れを設置。普段から温浴のときに排泄を習慣づけられれば、毎日部屋のあちこちにフンが…という状況は避けられるはず。もちろん、気づいたら排泄していたということもありますが、しつけはできないので暖かく見守ってあげて。

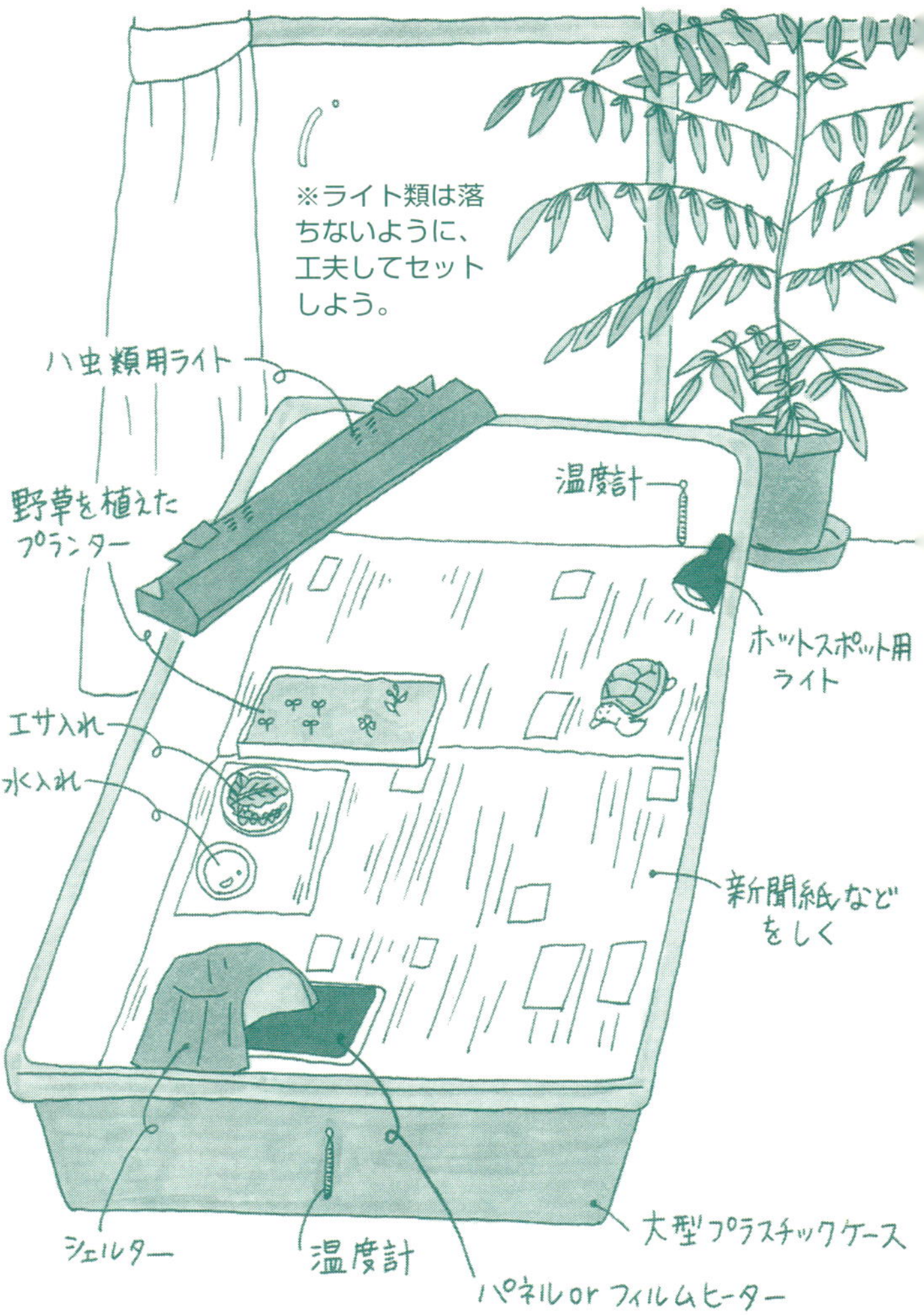
※ライト類は落ちないように、工夫してセットしよう。
ハ虫類用ライト
野草を植えたプランター
温度計
ホットスポット用ライト
エサ入れ
水入れ
新聞紙などをしく
シェルター
温度計
パネルorフィルムヒーター
大型プラスチックケース

木漏れ日の射す窓側に設置。
プラスチックケース内に観葉植物を置いても日陰ができgood.

ベランダで飼う

明るいベランダにひと工夫したらカメが自由に遊べるスペースができた！

太陽光での日光浴もできて、ある程度の広さもとれるのが、リクガメをベランダで飼う方法。リクガメには池がいらないので、簡単にカメ用スペースが作れます。日光浴はカメにとって大切な日課ですが、暑くなりすぎないように注意。すだれなどで日陰を作り、カメが移動して体温が下げられるようにしてあげます。

カメは意外に動きまわるので、ベランダの柵の下から落ちたり、隣のベランダへ遠征しないように要注意。かならずしっかりと囲いをして、その中で放すようにしましょう。床には何もしかなくても大丈夫ですが、日あたりのいいベランダでは、夏場はかなり暑くなります。ウッドパネルや人工芝をしいたり、土の部分を作っておくとカメにとってはより快適。ブロックや板、プランターなどで、下に入れる簡単なシェルターも作っておいてあげましょう。

また、プランターを置いて食べられる草を植えると、カメのおやつにもなります。

けれども、ベランダ飼育は、あくまでも気候のいい時期だけのもの。寒い季節は部屋に入れ、室内で温度管理をして飼うようにしましょう。

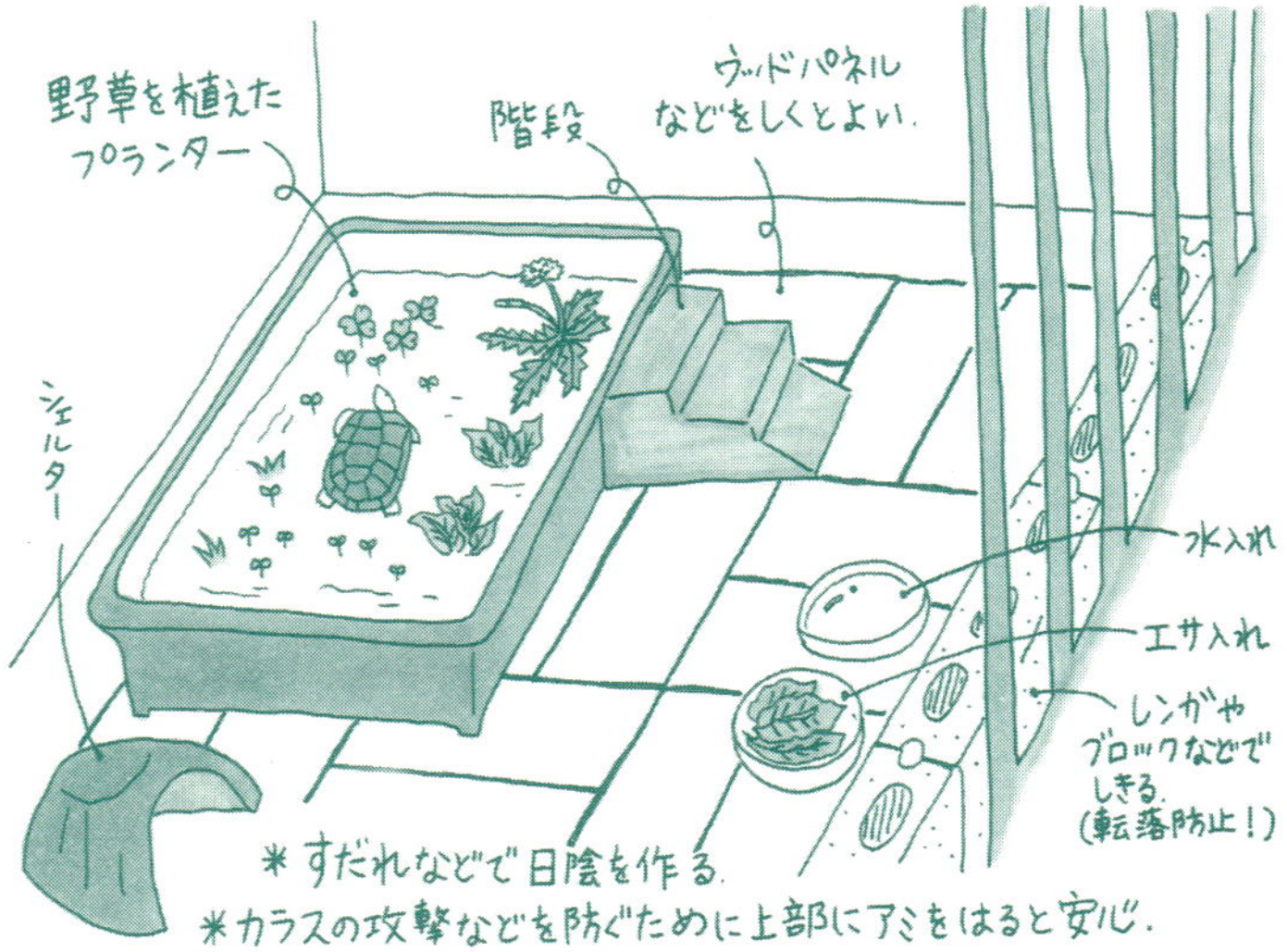
野草を植えた
プランター
階段
ウッドパネル
などをしくとよい.
シェルター
水入れ
エサ入れ
レンガや
ブロックなどで
しきる.
(転落防止!)
＊すだれなどで日陰を作る.
＊カラスの攻撃などを防ぐために上部にアミをはると安心.

カメの気持ち

ベランダで大好物の野草を育てよう!

菜食主義のリクガメたちには、野菜や野草が最高のごちそう。大きなカメになると意外にエンゲル係数が高くなるので、ベランダで手作りするといいでしょう。自分で栽培すれば、農薬や排気ガスなどの心配もありません。

簡単なのはタンポポ、クローバー、オオバコなどを根っこごと採取して、プランターに移植すること。水をやるだけで栽培できます。種から植えるなら、小松菜、ブロッコリー、モロヘイヤなどの野菜に挑戦してみて。もちろん、カメの健康のため、殺虫剤などは使わずに自然に栽培します。育ってきたら、カメが自分でついばめるようにしてあげましょう。

庭で飼う

自然の土の上で太陽光を浴びる…。庭を囲ってリクガメを飼おう!

庭でリクガメが飼える人は、春から秋頃まで出してあげるのがおすすめです。野生の生活では冬眠するリクガメもいますが、日本にはもともとリクガメはいないことを考えると、冬眠させず、寒い季節は室内に入れて飼ったほうがいいでしょう。

土の上で飼うのは、リクガメたちにとってはより自然に近いもの。多少の気候の違いはあっても、本来は屋外での飼育が理想的なのです。大切なのは、周囲に柵を作って脱走を防止すること。ホルスフィールドリクガメなど、土を深く掘る種類には、土の上に網をしいておくとよいでしょう。全体に芝や草を植えるのもおすすめです。

日陰も必要ですから、植木などで影になる場所を作ります。また、夜に入れる小屋を作り、保温用にライトかヒーターを入れましょう。

屋外では、ネコやカラスという思わぬ敵も現れます。大きなリクガメになればそれほど心配もないと思われますが、いたずらされないようにアミをかければ万全です。

水飲み場になる浅い水場や、シェルターも置いてあげましょう。

低木などを
植えて木陰を
作る
シェルター
食べられる
野草を植えよう
レンガ
プラケースなどで
浅い水場を作る
ブロックや板などで
へいを作る.（脱出防止）
カラスやネコから守るために
アミなどをかぶせると安心.

毎日の世話

成長したおとなのリクガメをずっと元気に過ごさせてあげたい！

◆大食漢のリクガメは野菜中心のエサをたっぷり

エサの内容は子ガメのときと同様です。カメの種類に合わせて野菜を中心にあげましょう。野菜にカルシウム剤をプラスして、栄養面も考えてあげます。雑食性のリクガメであっても、子ガメのときよりは草食傾向が強くなってきます。配合飼料や生き餌をあげる場合は、週に1回程度にしましょう。

回数は1日1回か、2日に1回、朝から午前中のうちに食べさせて。おとなのカメは、1週間くらいエサを食べなくても大丈夫です。

◆排泄物は、そのつどそうじを

大きなリクガメになってくれば、1回の排泄の量も増えてきます。ケージ内に排泄したら、そのたびに、きれいにしてあげましょう。放っておくと、カメの腹甲がフンまみれなんてことも。フンや尿、尿酸は健康の目安にもなるものです。つねに状態を見て、健康チェックにも役立ててください。

◆光・温度・日光浴の世話

リクガメはもともと、日本にいない動物なので、温度管理は飼い主の大切な役目です。けれども、現実的な問題としては、大きなカメをケージで飼っていると、細かな温度勾配をつけるのが難しい場合もあるでしょう。うまく設定できないときは、ケージをヒーターで温めるよりも、カメのいる部屋を温めることで調節してみましょう。室温を最低温度に保てば、ケージ内にホットスポットをつけることで温度勾配が作れます。

光は紫外線を出すハ虫類用ライトを、朝から晩までつけてあげること。照射時間は夏は1日14時間、春秋は12～13時間、冬は11～12時間です。ホットスポットは、白熱球やレフ球のスポットライトを設置します。

◆温浴をさせよう

子ガメの世話で紹介したのと同じように、おとなのリクガメも温浴をさせてあげます。大きなカメになるとお風呂も大変ですが、水分を補給したり、便秘を予防するというメリットがあるので、ぜひさせてあげて。

大きめの洗面器やお風呂などにぬるめのお湯を入れ、カメを入れます。カメが沈まず、頭の上が出る程度の水深にすること。温浴の後はよくふいて、カゼをひかないように乾燥させることも忘れずに。ぬれたままだと、皮膚病などの原因になることもあります。

COLUMN
コラム

人気のあるカメが大集合。いろいろなカメの飼い方

◆カミツキガメ科

カミツキガメは甲長約40センチ、ワニガメは約70センチと大きく成長するので、広い飼育スペースが必要です。攻撃性が強くかまれる危険性もあり、飼育は十分に注意をしましょう。

カミツキガメ科のカメは、ほとんど水場で過ごしますが、甲羅が10センチ以上になるまでは、体がのる大きさの陸場が必要。大きくなれば、陸場はなくても大丈夫です。ライトはハ虫類用ライトのみでOK。水深は首をのばして鼻先で息ができる深さですが、陸場があるなら深めでも可。魚、ミミズ、ザリガニなどを食べる肉食性です。

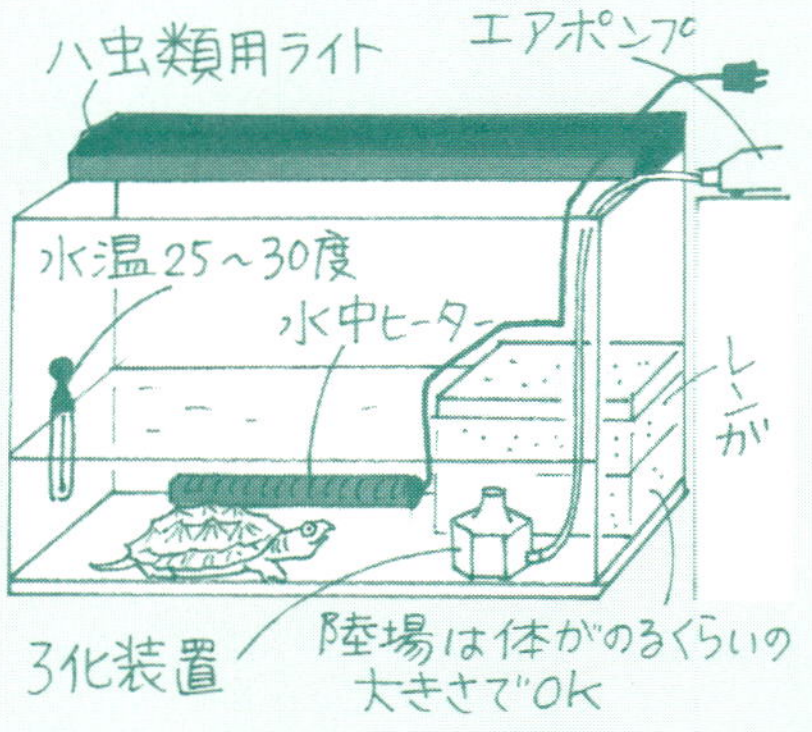

ハ虫類用ライト
エアポンプ
水温25～30度
水中ヒーター
レンガ
ろ化装置
陸場は体がのるくらいの大きさでOK

ワニガメ

カミツキガメ

※カミツキガメ科のカメは、条例により飼育が危険な特定動物に指定されています。届出が義務づけられている自治体があるので、飼う前に確認を。

COLUMN

◆ヘビクビガメ科

曲頸亜目ヘビクビガメ科のカメには、頭が大きく首も太くて長いジーベンロックナガクビガメ（甲長20～30センチ）、枯れ葉のようなギザギザした甲羅やとがった頭が個性的なマタマタ（甲長約40センチ）などがいます。

彼らはほとんど水中で過ごしますが、日光浴のための陸場も必要。よく泳ぐので、最低でも幅90センチ以上の水槽に入れてあげたいものです。ケージ内は3分の2を水場にし、首をのばせば呼吸できるくらいの水深にします。

子ガメはとくに低温に弱いので、水中ヒーターを使って水温を25～30度に保つこと。エサは肉食で、金魚や小魚やエビなどを食べます。生き餌や鶏の砂肝、ハツなど油のない内臓肉をメインにして、配合飼料や乾燥飼料も食べるように餌付けをしましょう。

ジーベンロックナガクビガメ

マタマタ

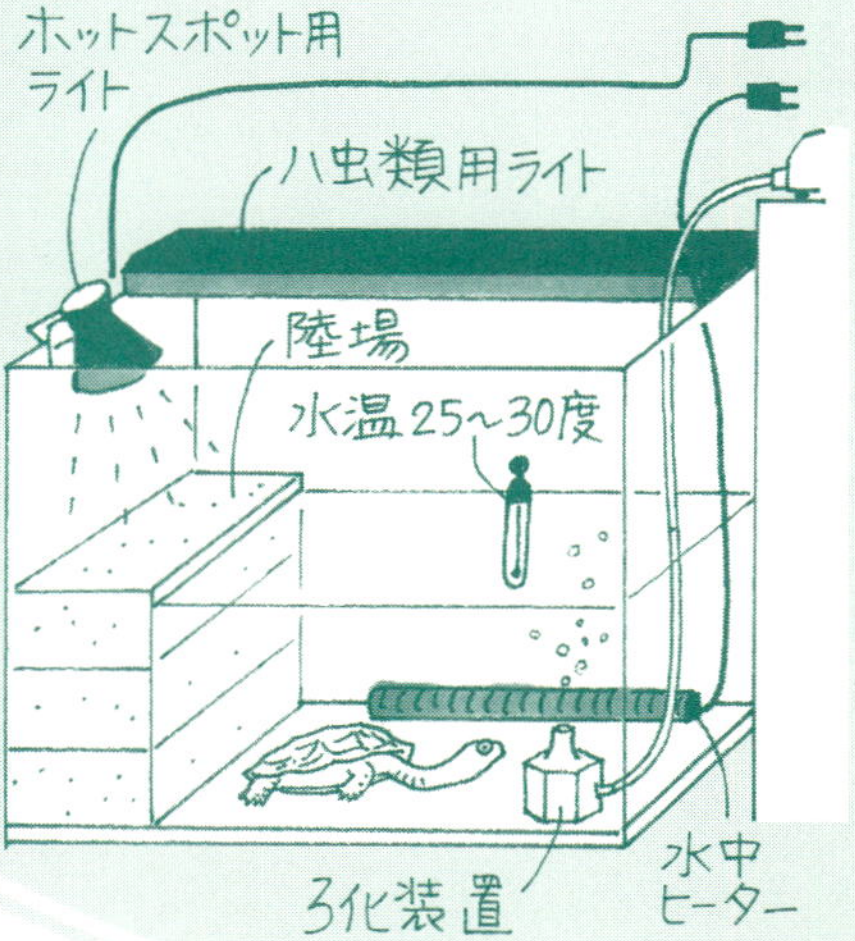
ホットスポット用
ライト
ハ虫類用ライト
陸場
水温25～30度
ろ化装置
水中
ヒーター

COLUMN

コラム

◆スッポン科

スッポン科のカメには、フロリダスッポン（甲長オス30センチ、メス60センチ）やトゲスッポン（甲長オス18センチ、メス35センチ）、日本で食用にされているニホンスッポン（甲長20～35センチ）、スベスッポン（甲長35センチ）などがいます。

やわらかく軽い甲羅や水かきのついた足が特徴で、ほとんどを水中で過ごします。ケージはかならず泳げるスペースを確保すること。水場をメインにして、体が十分にのる広さの陸場を入れてあげます。水温の適温は25～30度くらい。水中ヒーターで温度管理をして、子ガメのうちはとくに低温にならないよう気をつけます。

シェルターがわりに、水の底に体がもぐる厚さに砂を入れてあげましょう。砂は体がキズつかないよう、細かな粒子のものが最適です。

肉食性と雑食性がいますが、配合飼料、乾燥飼料のほか、小魚などの生き餌や内臓肉などをあげます。とくに子ガメのときは、イトミミズなどの生き餌が大切。種類によっては草食性が強いものもあるので、野菜を食べるようならエサに加えます。

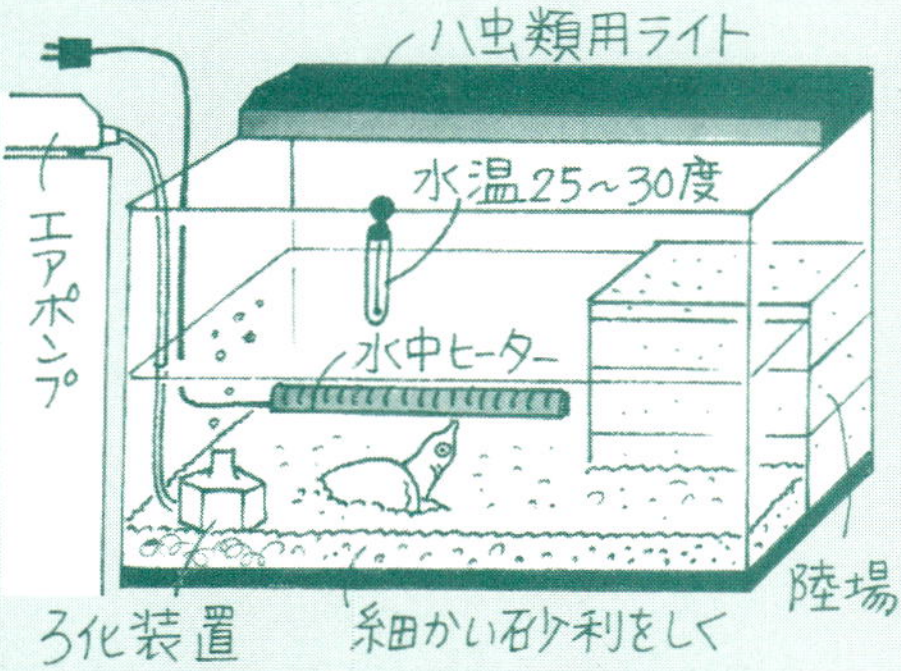

ハ虫類用ライト
水温25～30度
エアポンプ
水中ヒーター
陸場
ろ化装置
細かい砂利をしく

スベスッポン

COLUMN

◆スッポンモドキ科

スッポンモドキ科のカメは、スッポンモドキの1種のみ。甲羅が厚い皮膚で覆われていない点が、スッポンと違うところ。ブタのような鼻をした顔が、ユニークでかわいいと人気です。

完全な水生種で、産卵期以外はすべて水の中で過ごします。四肢はオールのようになっていて、泳ぎが得意。成体は甲長70センチにもなるので、ケージ内でも十分に泳げるよう、巨大な水槽が必要です。狭いとストレスがかかり、食欲不振や体調を崩す原因になります。

草食に近い雑食性なので、エサは葉ものの野菜や果物、鶏肉、配合飼料や乾燥飼料をあげます。

飼育のポイントは、温度と水質の管理。低温に弱いので水中ヒーターを入れ、水温はつねに25～28度を保ちましょう。水深が深いので、ろ過能力が高い外部フィルターをつけるのがおすすめ。水がえもまめにします。

また、ほかのカメやスッポンモドキ同士でも、一緒の水槽に入れるとかみつくので、複数飼いはできません。

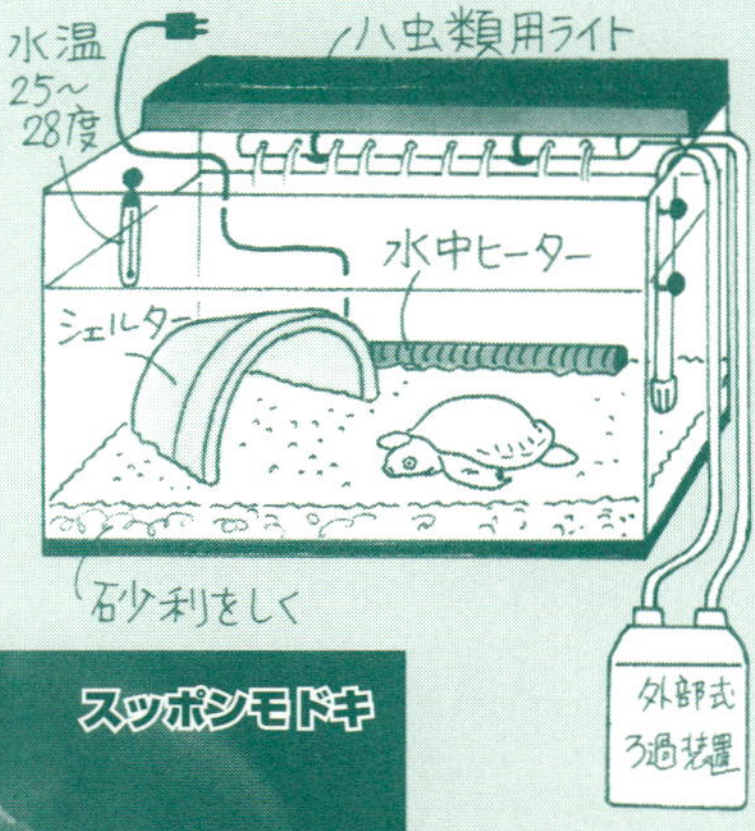

スッポンモドキ

COLUMN
コラム

◆ドロガメ科

ドロガメ科はドロガメ属、ニオイガメ属などに分かれます。トウブドロガメ（甲長約10センチ）、ヒメニオイガメ（甲長約7～14センチ）など、小型の種類が多いので、比較的飼いやすいカメが多いといえるでしょう。

ケージは、水場と陸場とを半々くらいのスペースで作ります。この種のカメは、泳ぐよりも水底を歩くように移動するので、水深は甲羅の高さくらいあれば十分。水生ヌマガメと同じように、陸場にホットスポットをつけて日光浴ができるようにします。水温は24～26度、ホットスポットは28～30度程度にセッティング。

肉食に近い雑食なので、エサは配合飼料のほかにもいろいろあげること。小魚、甲殻類、鶏肉や内臓、貝類などがいいでしょう。種類によっては肉食のものもいます。

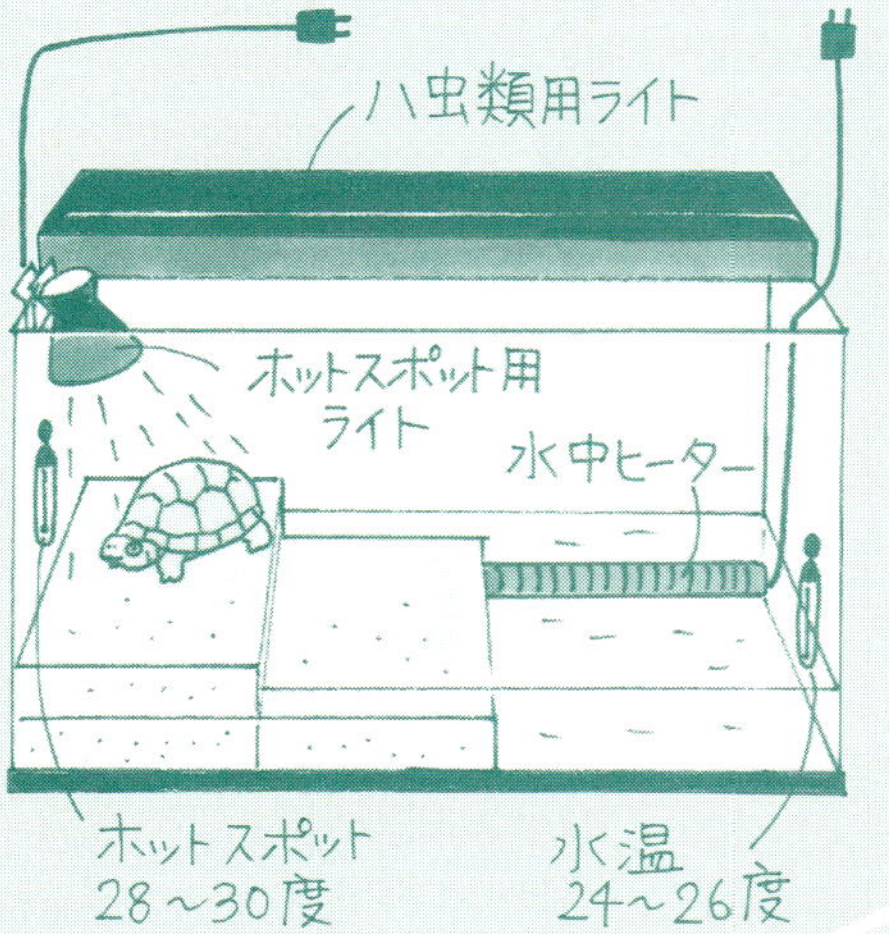

ハ虫類用ライト
ホットスポット用ライト
水中ヒーター
ホットスポット
28～30度
水温
24～26度

カブトニオイガメ

トウブドロガメ

スコーピオンドロガメ

PART 5

カメ気分を理解する飼い主になるポイント

カメともっと なかよくなろう！

カメの1日

日光浴に散歩に昼寝つき。とっても平和なカメの1日

ヌマガメもリクガメも、カメは日光浴が大好き。日の出とともに起床して、午前中からお昼にかけて、日光浴を楽しむのが日課です。夏の暑い時期には、朝早くや夕方に日光浴をするなど、のんびりしているようでいて、けっこう計画的なカメたちなのです。

カメの多くは、昼間に行動する昼行性。日光浴で体が温まってからが、食事の時間。体温が上がれば活動しやすくなり、動きも活発になります。そして、食べたものを消化する体の内部の働きも同様ですから、飼育下でも午前中にエサをあげるようにして、この行動パターンを尊重してあげたいものです。

ヌマガメは日光浴がすむと、水に入って泳いだり、体を休めたりします。昼間のうちは、陸場と水場を行ったり来たりして、体温をうまく調節するわけ。ヌマガメにとっては水中が安心なので、人やほかの動物が来たら、水に逃げ込むことも。夜は水に入り、水中で眠ります。

リクガメも暑くなれば日陰に移動したり、体温調節のために移動。昼間は歩き回りながら草などのエサを食べ、おなかがいっぱいになったらお昼寝や日向ぼっこ。日が沈むと眠ります。

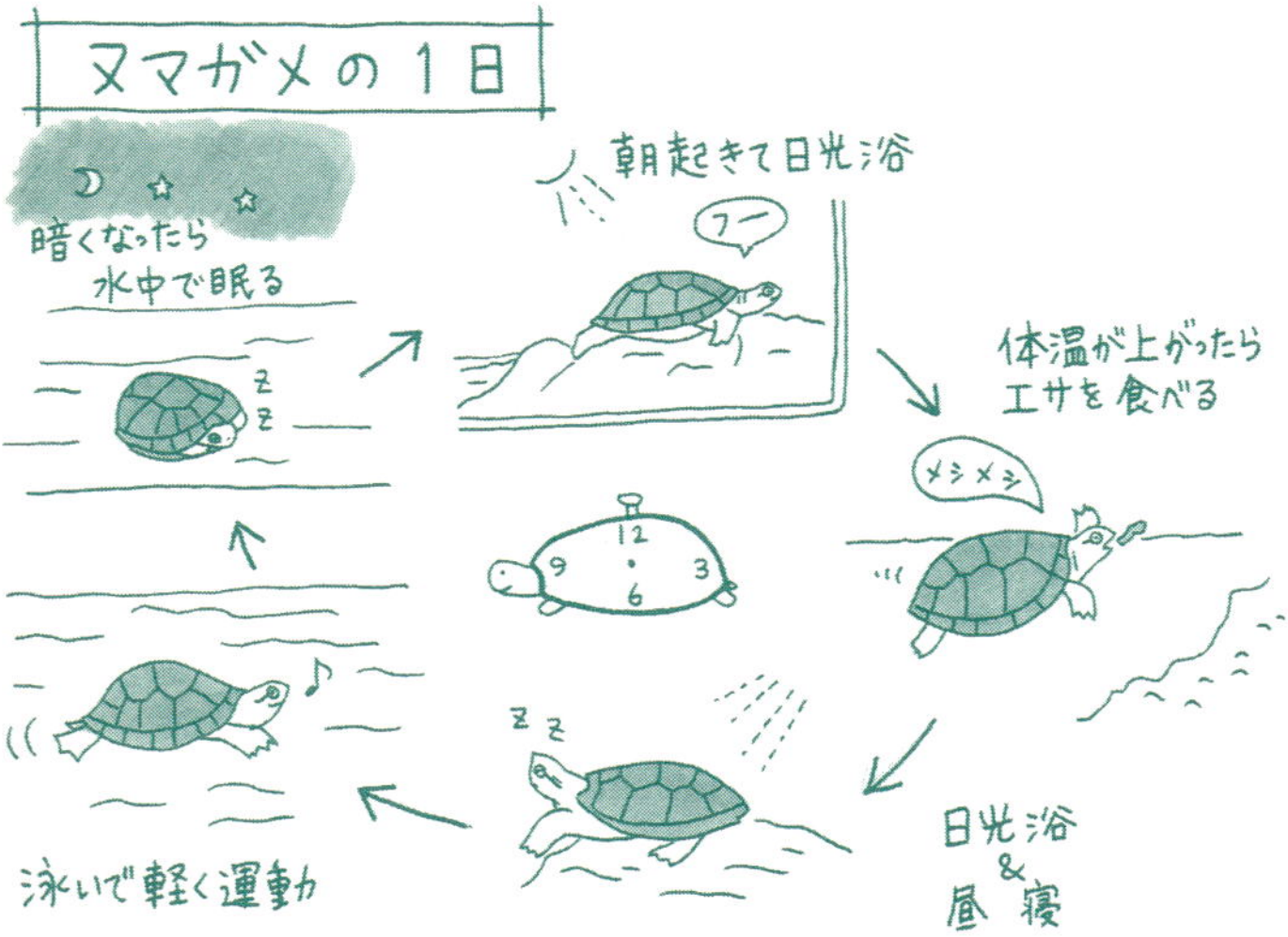
ヌマガメの1日
暗くなったら水中で眠る
朝起きて日光浴
フー
体温が上がったらエサを食べる
メシメシ
12 3 6 9
日光浴&昼寝
泳いで軽く運動

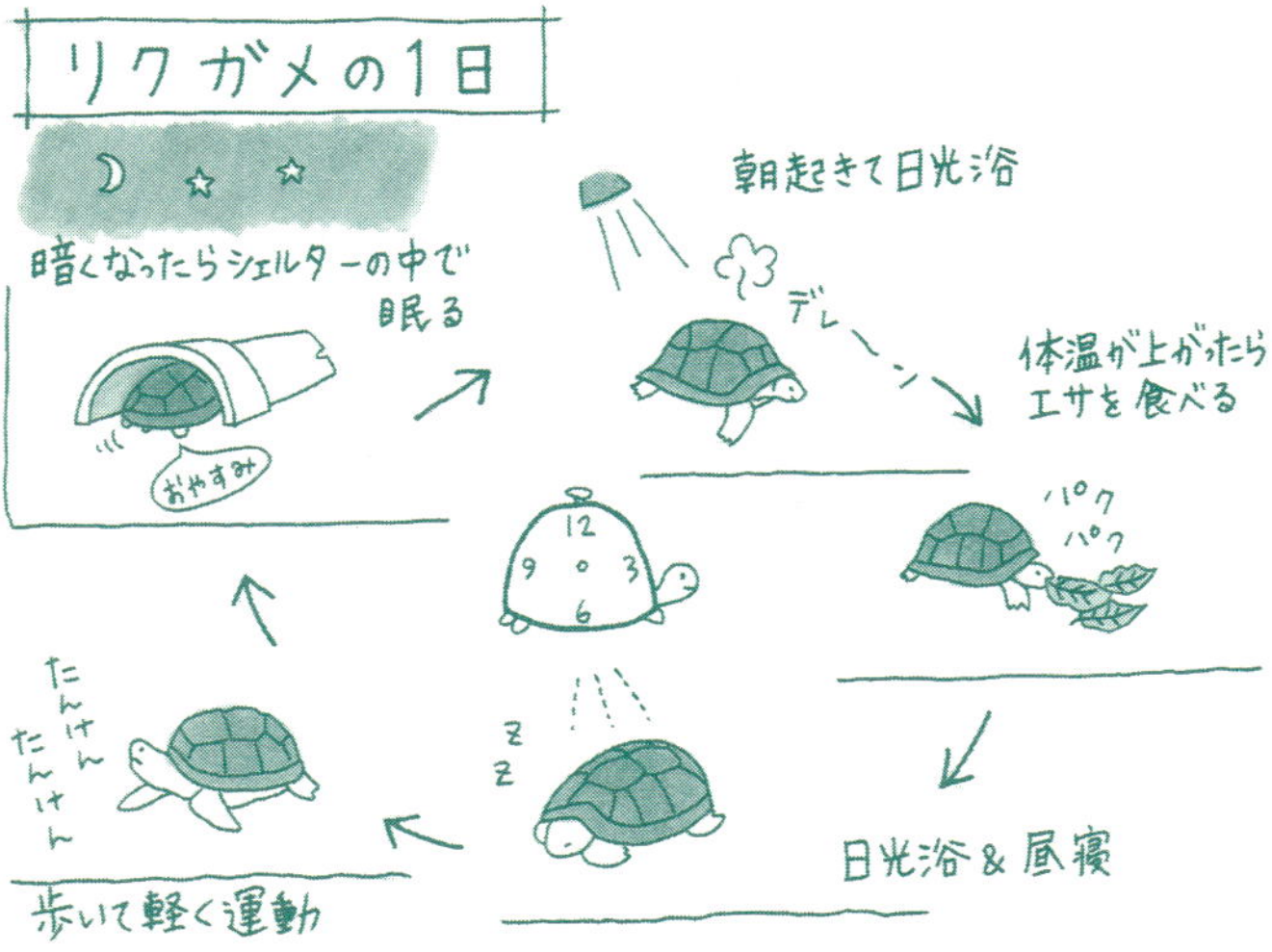
リクガメの1日
暗くなったらシェルターの中で眠る
おやすみ
朝起きて日光浴
デレ～ン
体温が上がったらエサを食べる
パク
パク
12 3 6 9
日光浴&昼寝
たんけん
たんけん
歩いて軽く運動

カメの1年

活動も睡眠も季節に合わせて。四季を感じるカメとの暮らし

寒い時期には冬眠をし、暑さが厳しいときには夏眠するものもいるカメ。変温動物であるカメの年間スケジュールは、自然に合わせた合理的なものです。

春は冬眠していたカメも目覚め、行動を開始する季節。冬眠をしていたカメは体力を消耗しているので、栄養価の高いエサを与えましょう。カメたちは活発に動きまわり、繁殖する時期でもあります。気温が上がったり、また寒くなったりと不安定な時期は、とくに温度管理に気をつけましょう。

梅雨にはカビや細菌が発生しやすいので、とくにケージを清潔に保つことが大切。エサの食べ残しや排泄物は、まめにチェックしてきれいにして。夏の暑い時期はヒーターもいらず、カメにとっていい季節に思えますが、暑すぎるのもまた問題です。風通しのいいところにケージを動かしたり、直射日光を避ける、日陰を作るなどの工夫も必要です。

真夏日が続くと、カメの食欲も減少気味に。あまり食べないときは、生き餌などをあげて元気をつけさせましょう。

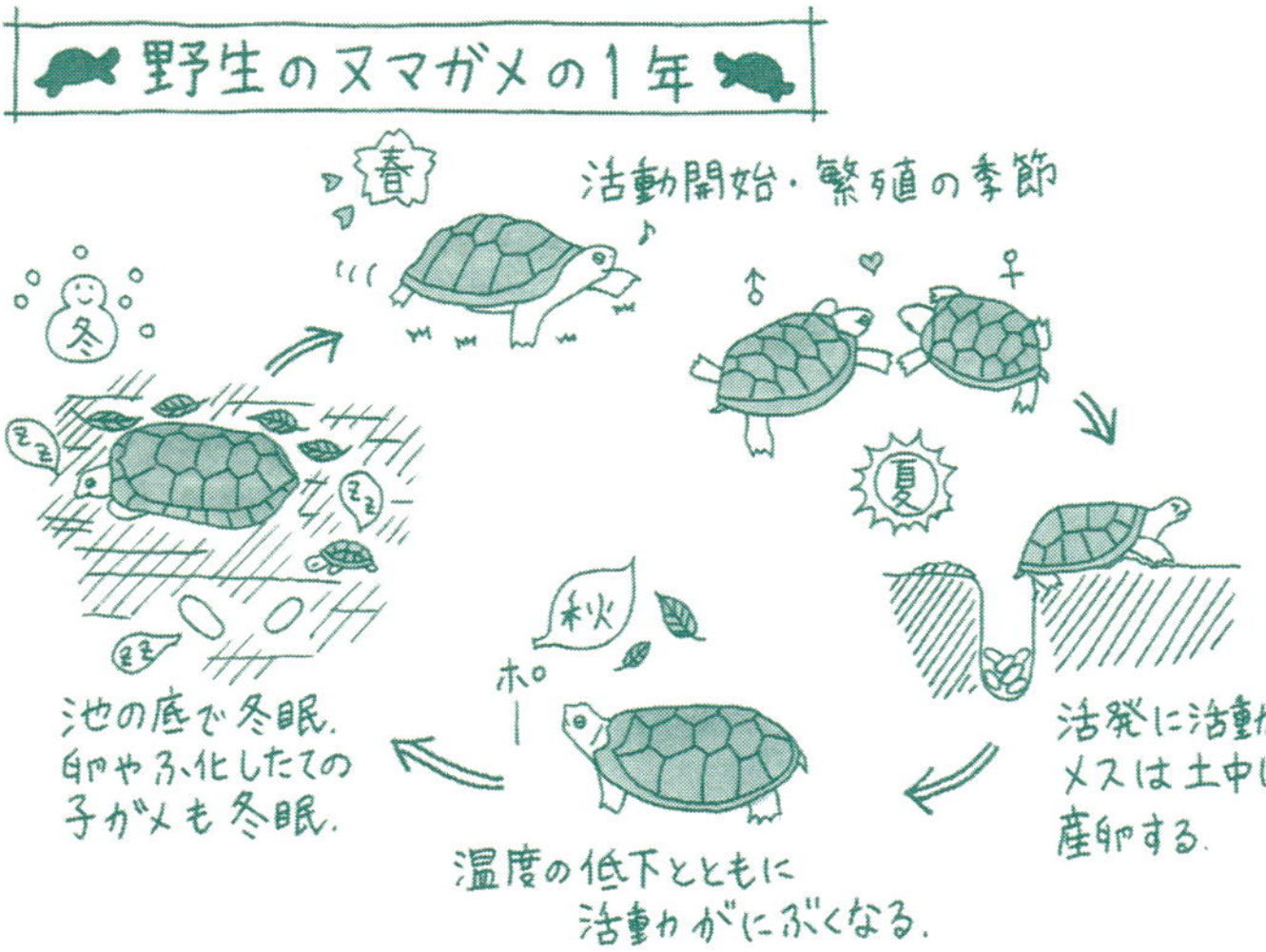
野生のヌマガメの1年
春
活動開始・繁殖の季節
夏
活発に活動。
メスは土中に
産卵する。
秋
ホロー
温度の低下とともに
活動がにぶくなる。
冬
池の底で冬眠。
卵やふ化したての
子ガメも冬眠。

秋は過ごしやすい季節ですが、気温の変動には気をつけて。カメを冬眠させる場合は、夏から秋のうちにしっかりと栄養をつけさせておきましょう。

気温が下がるにつれて、カメは活動が鈍く、食欲も減退してきます。やがて冬眠に入るカメもいます。ミシシッピーアカミミガメなどの水生ヌマガメは、10度以下くらいで冬眠に入るよう。自然の中では、池や川底の土の中で冬眠するのです。夏から秋に生まれた卵も、土中で春を迎えることになります。

温帯のリクガメも、土を掘った中に冬眠するものがあります。亜熱帯・熱帯のカメは冬眠の習性がありません。どちらのカメでも、飼育下で冬眠させない場合は、秋までと同じように温度管理をして飼いましょう。

カメのしぐさ

「のろい」なんて誰が決めた!? カメのしぐさと動きに注目！

手足を一生懸命パタパタ動かしたり、必死に泳ぐしぐさがかわいいヌマガメたち。首や足をすばやく甲羅に引っ込めたり、短い足でのしのしと歩いたり……。カメのしぐさは、見ているだけでも飽きません。日光浴をしたりして、ジーッとしていたかと思えば、体温が上がって活動し始めたときは、けっこう活発に運動。そんなカメの動作を観察してみましょう。

エサちょーだい！
ヌマガメ
バッシャン
ちょーだいっ
ちょーだいっ
バッシャン
おなかがすいたときは、そばに来てアピール
リクガメ
のっし
のっし
じーっ
無言のアピール…
えさほしいな…
ふあ….
体温が上がってきたときなどはあくびする
ねむ…

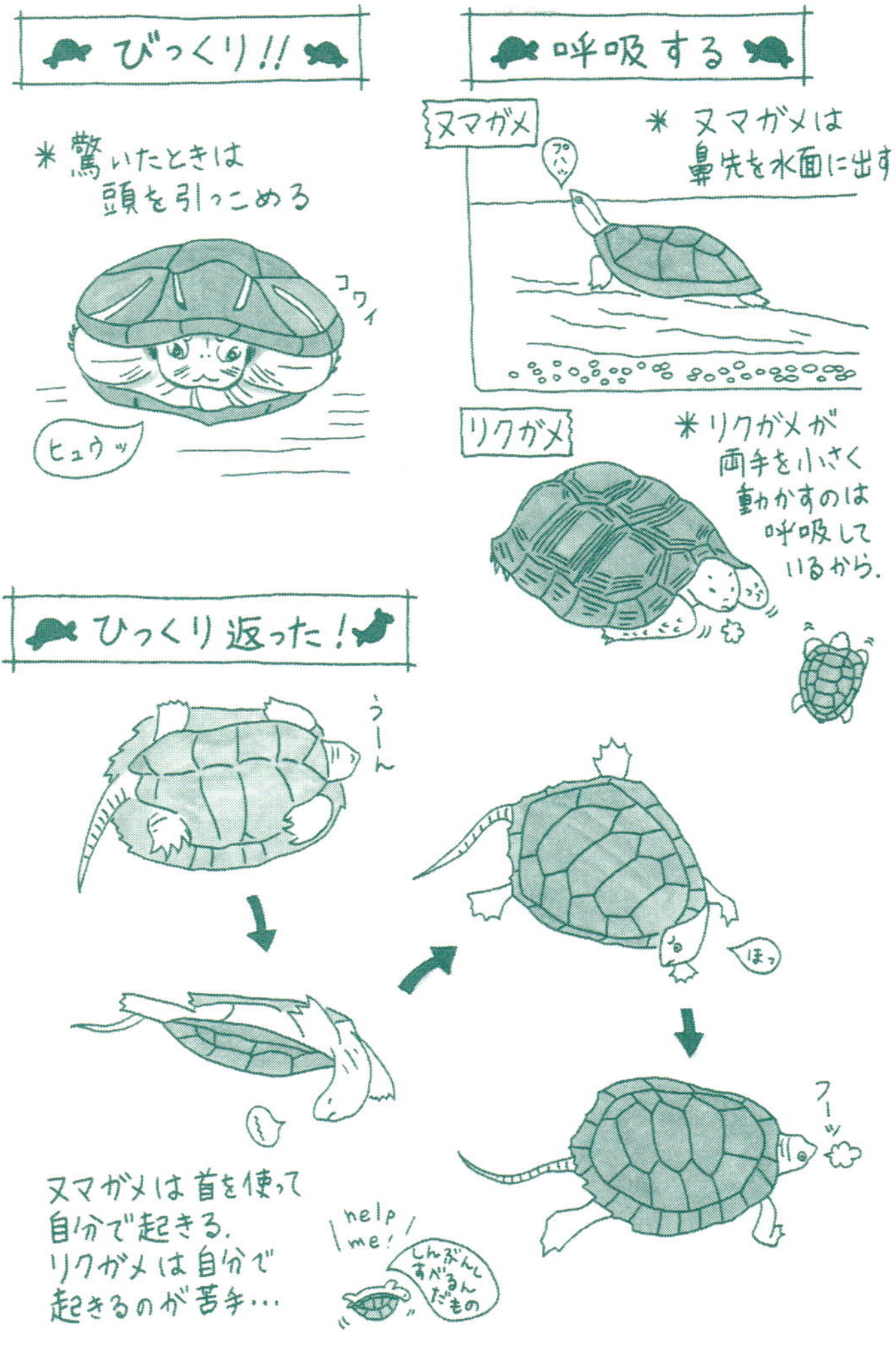
びっくり!!
＊驚いたときは
頭を引っこめる
コワイ
ヒュウッ
呼吸する
ヌマガメ
＊ヌマガメは
鼻先を水面に出す
プハッ
リクガメ
＊リクガメが
両手を小さく
動かすのは
呼吸して
いるから。
ひっくり返った!
うーん
ほっ
フーッ
ヌマガメは首を使って
自分で起きる。
リクガメは自分で
起きるのが苦手…
help me!
しんぶんし
すべるん
だもの

カメの五感

あれれ!? 意外に優秀かも? 知られざるカメの五感

◆エサを見つけるのに五感はどう活躍している?

カメの五感は、どのくらいの優秀さを発揮しているのでしょうか? 種類によっても違うようですが、それぞれ野生の生活環境に合わせて発達しています。

カメは昼行性なので、視力は優れていて、色彩の区別もできます。ケージに敷いた新聞紙のグリーンのカラー印刷部分を食べようとしたり、大好きなエサの缶の色を見分けて催促したりと、いろいろな反応が見られるものです。目は頭の両脇についているので、真正面の視界は狭いのですが、横から何かが来たらすばやく甲羅に隠れることができます。

カメの目にはまぶたと透明な薄い瞬膜があり、水中では瞬膜で目をおおっています。目をつぶるときに、まぶたが下から閉じるのもカメの特徴です。

水生ガメはときどき水面に顔の先を出して、呼吸をします。よくみると鼻で呼吸しているのがわかるでしょう。草食性や雑食性のカメは、嗅覚が敏感なようです。エサも鼻でしっかりニオイをかいで、確認をしているほど。逆に肉食のカメは、相手の動きでエサを見つけるため鼻には頼っていないようです。

目や鼻はすぐにわかりますが、耳はどうなっているのでしょう。目のやや後ろに注目してみて！　ここに1枚の鼓膜で覆われている耳があります。表面の振動を中耳にある耳小骨が内耳に伝えて、音を聞く仕組みになっています。

口には歯がなく、鳥のようにクチバシになっていて、エサをかみ切ることができます。雑食のカメの中にはカニやエビなどの甲殻類を食べるものもいるので、クチバシはするどく、力も強いもの。カメが大きくなってきたら、エサをあげるときに間違えてかまれないように要注意です。草食のリクガメは植物をかみ切れるように、クチバシが分厚くなっているのが特徴です。

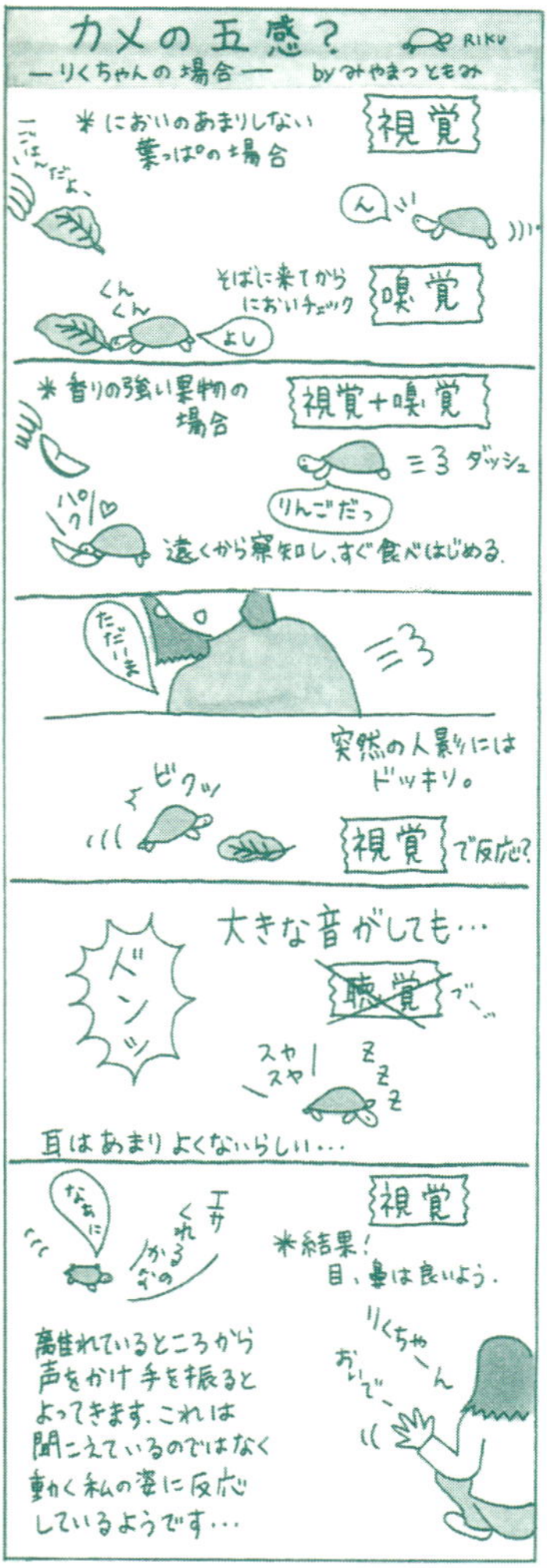

コミュニケーション

かまいすぎは迷惑だカメ～！カメが喜ぶ接しかた

◆手からエサをあげてみよう

カメと仲良くなれる一番のコミュニケーションは、エサをあげること！　まだ、家にきたばかりのときは、神経質なカメだと、見ているとなかなかエサを食べないこともあります。すぐになれさせようとせず、だんだんにお近づきになりましょう。

子ガメが環境になれてエサを食べるようになったら、コミュニケーション開始。ピンセットやワリバシを使って、カメの口に直接エサをあげてみましょう。エサをもらえることを覚えると、人がケージに近づいただけで寄ってくるようになります。手から直接食べられるようになるカメもいますが、クチバシでかまれないように気をつけて。

◆呼べば来る？

カメの名前を決めて、いつも話しかけてみましょう。イヌやネコのように、呼べば来るカメになることもあるのです。イヌのように訓練することは無理でも、いつも呼んでいると自分の名前に反応するようになることはあるよう。カメが「ん？」と振り向いてくる日を夢見て、気長に続けてみてはどうでしょう。

◆カメが嫌がらない持ちかた

カメを持ち上げるときは、下手をすると「大きなカメがジタバタしたから、落としちゃった！」なんてことになって、甲羅が欠けたりヒビが入るなどケガをさせてしまいます。大きくなったカメは、前肢と後肢の間の部分を、左右から両手でしっかりとつかんで持ち上げます。

◆基本的には放っておいて！

ハ虫類であるカメは、なでたり抱っこしたりと触りすぎるのはいけません。かまいすぎるとストレスがたまるので、あくまでも干渉しすぎず一緒に暮らすというクールな関係がベストです。

コミュニケーション
by みやまっともみ
RIKU
9年前… 飼育初日から 手からエサを食べた 人見知りのないりくちゃん…
おっ 食べた
パリ
…普段はお互い 自由な関係.
どーぞ ご自由に…
ちょっと おさんぽ
〜in my room〜
＊りくちゃん のなでなでポイント＊
頭
んーー
んーー
このあたり
背甲後ろ
鼻下
ゴリゴリなでるとおしりを振ってなぜかうれしそう…
ベランダでの日向ぼっこのひとときが、一番のおだやかな時間です.
気持ちいいねー
ねー

散歩タイム

活動的なカメに喜んでもらう室内&屋外散歩のすすめ

◆室内を歩き回らせてあげよう

ケージ内で飼っているカメは、どうしても運動不足になりがちです。でも、家にアスレチックを作ったからって、カメが利用してくれるわけでもなし。やはり、カメの運動といえば、ウォーキングくらいでしょう。

いつも狭いケージに入っているなら、ときどきは部屋に出して、自由に歩かせてあげましょう。カメが食べてしまうと危険なものだけは片づけて、あとは好きにしてもらいましょう。ポカポカと日のあたる窓ぎわなどへ、気ままに散歩するはずです。

カメは記憶力がよくて、室内に出すとその間取りを覚えるよう。何度か出すうちに「自分のお気に入りの場所にまっしぐら！」という、賢いカメもいます。

◆今日はおでかけ！　カメと一緒に散歩に行こう

カメを外で散歩させるのも、楽しいものです。もちろん、イヌのようにつないで歩くわけにはいきませんが、公園や野原まで連れて行って放すことはできますね。リクガメなら地面の上を歩いて草を食べたりと、広々とした場所で自然にふれるのは、カメさんにとっても気分転換になるはず。近所に公園などがあるなら、天気がよい日はカメを連れてぜひ散歩に出かけましょう。

ただし、散歩中は、カメが脱走したり、誰かにいたずらされないように注意。また野草を食べさせるときは農薬などに気をつけて。

カメが食べると有毒な植物

野草・草花	シャクナゲ、アジサイ、オシロイバナ、藤、アネモネ、スズラン、ホオズキ、福寿草、スイセン、ヒヤシンス、スイートピー、チューリップ、クロッカス、アサガオ、ポピーなど
鉢植え・観葉植物	シクラメン、シャコバサボテン、オダマキ、ポインセチア、デルフィニウム、カラジューム、アイビー、カラー、ジャスミンなど

カメの気持ち

新鮮でおいしい野草をたくさん食べた〜い!

野菜以上に栄養たっぷりで、カメも喜んで食べるのが野草です。とくに草食性のリクガメは、野菜だけでなくいろいろな種類の野草も食べさせてあげたいものです。

日本でもよくみかけるもので、カメが食べるのにもいい野草は、タンポポ、クローバー、オオバコ、ハコベなど。新鮮な野草を摘んできてメニューに加えれば、カメも喜んでくれるはずです。

逆にカメにとって有毒な野草もあります。カメを庭や外に出すときは、十分に注意してください。

留守番

カメを留守番させるなら温度管理が最重要課題だ！

◆留守中はエサ抜きでガマンしてもらおう

家を留守にするときは、カメには留守番をしてもらいます。カメはイヌのように、「いつでもどこでも、ご主人と一緒がうれしい！」というタイプではありません。住みなれた環境にいられるのが、一番安心で快適なのです。

健康に育っているおとなのカメなら、1週間くらいエサを食べなくても大丈夫です。むしろ、「おなかがすいたらかわいそう」と、エサをたくさん入れておくほうが問題。食べ残したエサが腐ったりして、ケージの環境が悪くなってしまうからです。水生ガメだと水が汚れてしまい、水も飲めずに脱水症状になってしまう場合も。4～5日の外出なら、エサは抜きにしておきましょう。

まだ子ガメの場合は、エサも温度管理も問題があるので、何日も留守にするのはやめたほうがいいでしょう。ケージごと人に預かってもらうなどしたほうが心配ありません。

◆温度管理はしっかりすること！

留守中には、ハ虫類用ライトやスポットライトは消しておいたほうがいいでしょう。何かのはずみで水がかかってライトが割れたり、万が一、火事になったりすると危険です。

もっとも大切なのは、留守中の温度管理です。普段使っているヒーターを入れたままにしておくか、部屋のエアコンをつけて快適な温度を保つようにしましょう。ホットスポットが消えている分、温度は低くなりますが、低温になるとカメの活動量が減るため、よけいな体力を消耗しないですみます。

また、真夏は部屋のエアコンをつけて、部屋が蒸し風呂になるのを防ぎましょう。真夏や真冬に何日も留守にすることは、できれば控えたほうがいいでしょう。

おるすばん!
RIKU
by みやまつ ともみ
その1
1週間ほど留守にするときは実家におあずけ。
また留守番ですか
何泊?
in
スニーカーが入っていた箱にタオルをしいて。
箱が大きいので引き出物が入っていた袋が大きくしっかりとしていてgood!
約1時間のバス&電車の旅・・・
TokyuHotel
イヤ
移動中、狭い入れものに入れられておしっこやフンをいっぱいしちゃうりくちゃんなのでした… ゴメンネ!!
その2
一度、親せきの動物病院に10日ほどお留守番・・・
快適♥ ホテルのようだわ
快適な設備の中「よいこでお留守番」のおすみつきをもらえたりくちゃんでした!
doctor
他のカメはエサの葉っぱを一度に食べちゃうのに、りくちゃんは少し食べては眠り、起きては食べる、というマイペースぶりでしたよ!

COLUMN
コラム

いつも健康でキレイ！カメの体の手入れ術

カメはエサを食べる以外は、気持ちよく泳いだり、日光浴をしたり、のしのし歩いたりと、効率よく健康的な生活をしています。ネコのように、ひたすら毛づくろいするような姿は見られませんが、日光浴もお手入れのひとつ。甲羅や皮膚を乾かすことで、細菌や寄生虫を防ぎ、清潔に保っているのです。

飼育しているカメも、普段は手入れしてあげる必要はあまりありません。カメが好きなように、自由にさせてあげましょう。

お手入れをするなら、甲羅です。ヌマガメの場合、甲羅がヌルヌルになったりコケが生えることも。水がえのときに、やわらかめの歯ブラシで甲羅を軽くキレイにしてあげるといいでしょう。

リクガメの場合、ケージや物にぶつかって甲羅にキズがつくこともあります。甲羅の保護クリームが市販されているので、ちょっとしたキズはこれでケアしてあげましょう。また、フンなどがこびりついて甲羅が汚れることもあります。そんなときは、温浴をさせるときに、甲羅の汚れを歯ブラシなどで落としてあげるのがおすすめです。

また、カメは爪も意外と伸びるもの。本来は、普通に歩いたり泳いだりするだけで、爪は自然に摩耗するものです。しかし、ケージで飼われていると、爪が伸びすぎてしまうことも。長すぎるようなら、爪切りやはさみで先をカットします。

爪を切るときは、光に透かしてみて、黒く見えるところは血管です。透き通っている先の部分だけを切ってあげましょう。

PART 6

秋&冬の温度管理は生命に関わる大問題!

冬越しと冬眠のさせかた

冬眠とは

どうしてカメは冬眠するの？ 冬眠の必要性と役割を知る

◆冬眠は何のためにするのか？

温帯地方に生息するほとんどのハ虫類が、野生の生活では冬眠をします。エサもなく、寒く厳しい季節を、冬眠をしてなんとか乗り切るのです。ハ虫類の冬眠はクマなどとは違い、土の中や水の中で仮死に近い状態になるもの。体温も下がったままで、途中で起きて活動したりすることはあまりありません。

秋になり気温が低くなってくると、カメは活動がだんだん鈍くなり、食欲も低下。カメは食べてから排泄するまでに時間がかかるので、エサを食べなくなってからもしばらくは排泄を続けます。約1か月して体内から未消化のエサがなくなると、活動を完全にやめて冬眠に入ります。ヌマガメの多くは、最高気温が20度を下回る10月頃から食欲がなくなり、10〜15度くらいまで気温が下がる11月上旬頃に冬眠をはじめることが多いようです。自然に目覚めるのは、4月下旬以降。なんと1年のうち約半分は、冬眠をして過ごしているのですね。

◆冬眠のメリット・デメリット

冬眠は、自然の変化に沿ったカメの生理的な活動です。春に目覚めたカメは、その多くが発情期を迎えて繁殖するため、冬眠がこうしたリズムを促しているともいわれています。冬眠させることのメリットとしては、繁殖させやすくなることでしょう。

また、自然のリズムに合った活動ですから、順調な成長を助ける側面もあるようです。冬眠したほうが、長く生きるだろうという考え方もあります。

しかし、カメにとって、冬眠はツライ試練であることも事実。健康状態が悪かったり、子ガメのうちは、冬眠中に死んでしまうことも少なくありません。つまり、カメにとって冬眠は命がけの行為でもあるのです。冬眠のデメリットは、ずばり「失敗して死ぬ可能性がある」ということ。それでも、野生のカメは、寒くなれば冬眠せざるを得ません。

あなたのカメが温帯のカメなら、冬眠させるのか、それともさせないのか、きちんと考えて判断しましょう。人工的に保温すれば、冬眠をさせずに冬越しが可能です。保温グッズや電気代などがかかりますが、1年中カメを眺めながら暮らすことができます。冬眠をさせる場合は、冬眠しやすい環境を飼い主が作ってあげることが大切。水温や周囲の温度を下げたり、冬眠に向いた環境を整えるほか、冬眠から目覚めたあともしっかりフォローする必要があります。

なるべく自然に近い状況で飼うために冬眠させるか、それとも危険な冬眠をさせずに冬越しするのか。健康状態などさまざまな面を考えて決めましょう。

冬眠できるカメ

うちのカメは冬眠させる？冬眠できるカメ、できないカメ

◆わが家のカメを冬眠させるかどうか決める

もともと温帯に住むカメは冬眠させることができますが、亜熱帯・熱帯を生息地とするカメは、ほとんどが冬眠の習性がありません。生息地では、極端に寒さが厳しくなる時期がなく、冬眠する必然性がないためです。この本で紹介しているカメの中では、水生ヌマガメと陸生ヌマガメ、温帯を生息地としているリクガメが冬眠をする種類です。

冬眠する種類のカメなら、させるかどうかを夏から秋までに決定。「繁殖させたいので冬眠させる」と判断するのもいいし、「失敗する可能性があるならさせない」と決めてもOK。

亜熱帯・熱帯のカメは保温して冬越しします。また、リクガメの冬眠は難しいので、温帯のリクガメも冬眠をさせずに保温して冬越しさせることをおすすめします。

◆こんなカメは冬眠させないこと

冬眠は、命がけのツライ行為です。だから、体力的に問題がある次のようなカメは、冬眠に失敗する可能性が高いので、冬眠をさせずに保温して冬越しさせましょう。

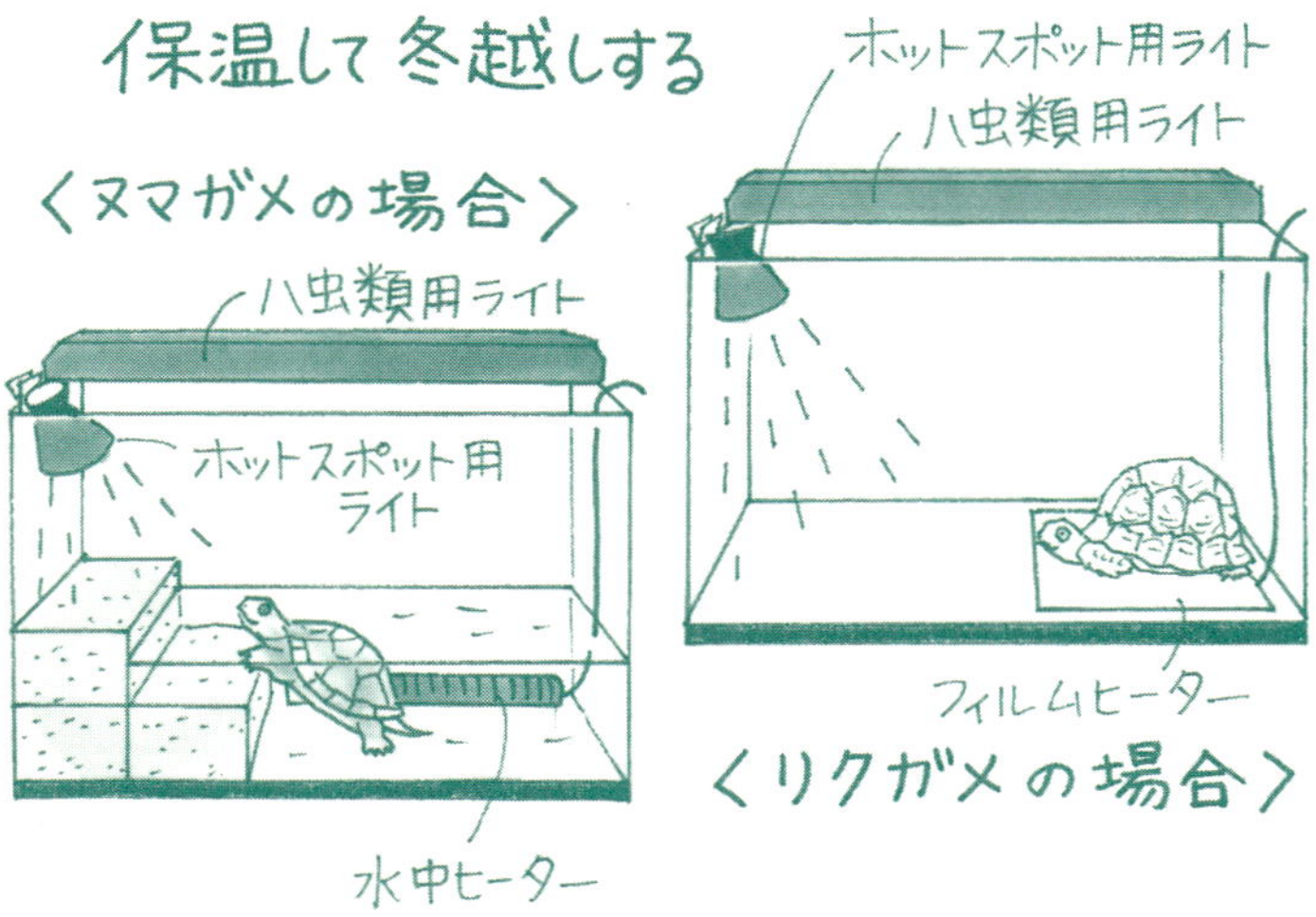
保温して冬越しする
〈ヌマガメの場合〉
ハ虫類用ライト
ホットスポット用ライト
水中ヒーター
ホットスポット用ライト
ハ虫類用ライト
フィルムヒーター
〈リクガメの場合〉

①生後3年以内の子ガメ
②病気のカメ
③夏〜秋に十分なエサを食べていないカメ

◆保温して冬越しをさせるとき

冬眠させないで冬越しする場合は、ほかのシーズンと同様にケージを快適な温度に保温します。基本的な世話は普段通りです。

水生ヌマガメのケージは、水中ヒーターで水温を調整。さらにホットスポットを作って、十分にカメが体温をあげられる環境を整えて。

陸生ヌマガメやリクガメは、ヒーターや保温電球などでケージ全体の温度を確保。ホットスポットも作りましょう。

どのカメの場合も、部屋をエアコンなどで温かくし、環境温度をあげる方法がいちばんおすすめです。

ヌマガメの冬眠

湿った土で眠る？　それとも水中がいい？
水生ヌマガメを冬眠させるとき

◆冬眠の準備はカメの体力作りから

カメを冬眠させようと思うときは、まずカメが健康かどうか細かくチェック。

夏から秋にかけてエサをたくさん食べていましたか？　暖かいときは元気に活動していたでしょうか。体の各部についても確認してみてください（P195参照）。

秋になって気温が下がると、カメはだんだん動きが鈍くなり、エサを食べなくなります。体内に未消化のエサが残っていると冬眠に失敗することも。エサが完全に消化するには約1か月かかります。エサをあげなくなってから、1か月以上たってから冬眠をさせましょう。

冬眠は土中でさせる方法と水中でさせる方法があります。どちらか選んで準備してください。

◆湿った土の中で冬眠させるとき

冬眠を始めるには、ヒーターなどの保温グッズを調節し、段階的に温度を下げていきます。

ヌマガメは、普段はホットスポットが28～32度、それ以外の陸や水場は24～29度の設定です。これを一度に約5度ずつ、5日サイクルで段階的に下げます。屋外の気温が10～15度以下になっ

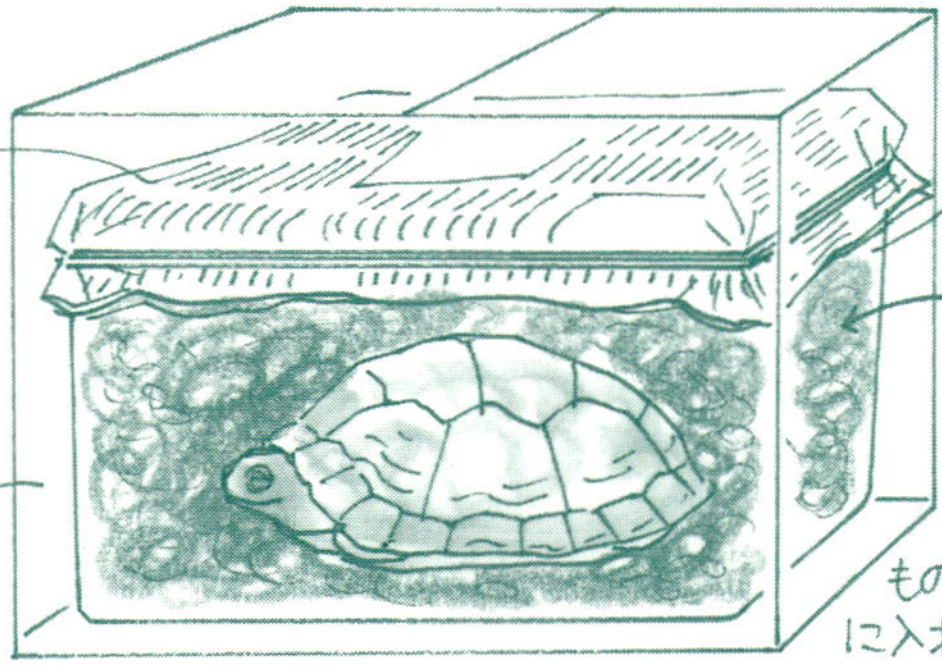
〈水生ヌマガメの土中冬眠〉
カメよりひとまわり大きい水槽やプラケース
新聞紙などでフタをする
水ゴケやヤシガラを水で湿らせたものをいっぱいに入れる。
ダンボールなどに入れて温度を安定させる。5~10度の温度を保つ。暖房をしないで日があたらない場所(玄関や車庫など)に置く。
ときどき湿りぐあいをチェック。乾燥する前に水分を補給。つねに適度に湿っていることが大切。

てから始めるといいでしょう。

第1段階では、ホットスポットを消して5日おきます。第2段階でヒーター(水中・パネルなど)を撤去して5日待ちます。第3段階では廊下など暖房していない室内にケージを移動。さらに5日後、最終的に冬眠をさせる場所(暖房をしていない室内や、雨や日があたらない屋外など)へケージを移動します。

最終的に約10度以下の場所にケージを置いて5日ほどすると、カメはほぼ活動しなくなるはず。こうなったら、イラストのような冬眠箱へカメを入れてあげましょう。カメは自分で土にもぐっていきます。カメがもぐったらフタをして、約5~10度を保つ場所に春まで置いておきます。温度が下がりすぎていないか、ときどきチェックしてください。

〈水生ヌマガメの水中冬眠〉

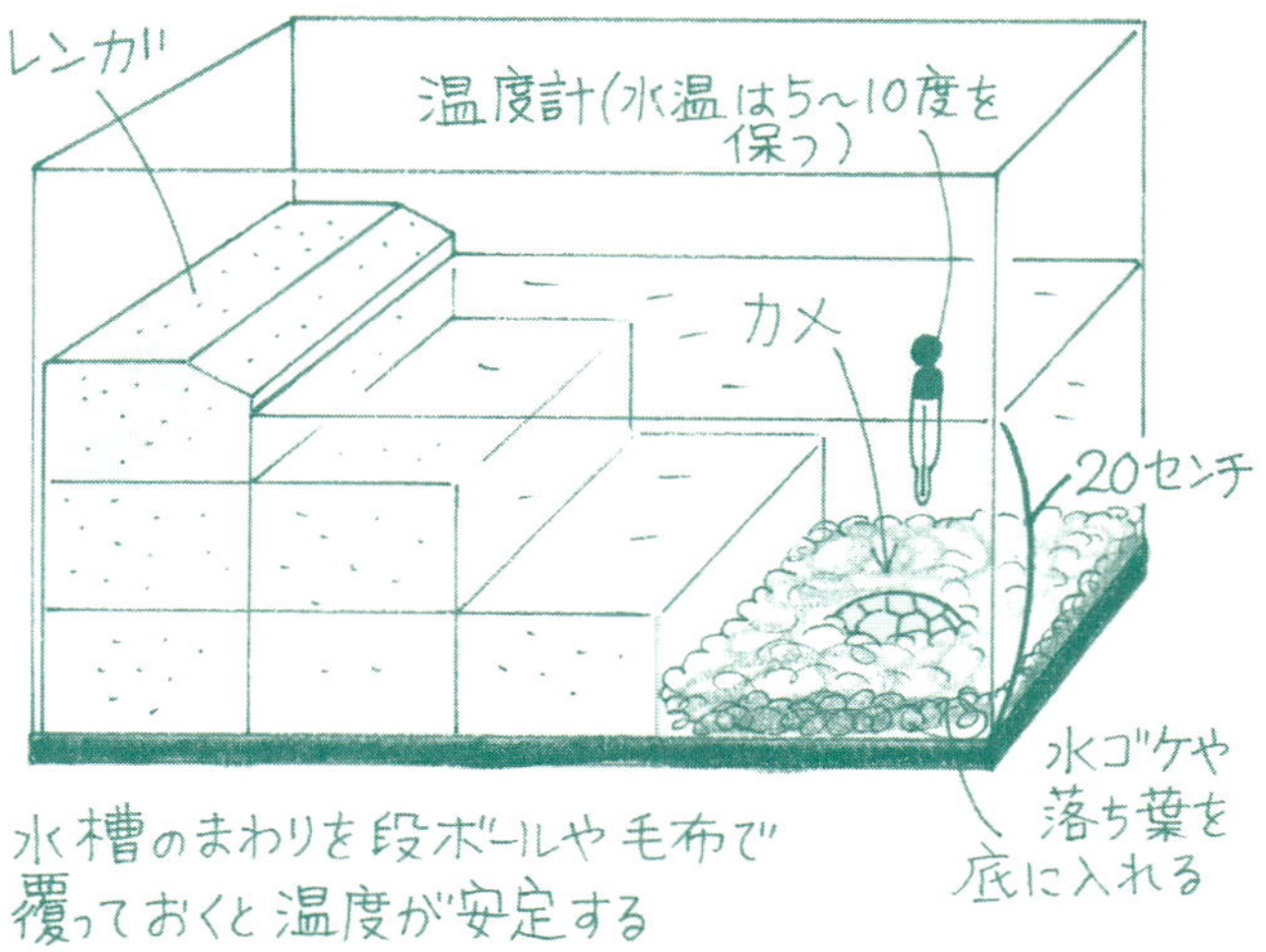
レンガ
温度計(水温は5〜10度を保つ)
カメ
20センチ
水ゴケや落ち葉を底に入れる
水槽のまわりを段ボールや毛布で覆っておくと温度が安定する

◆水中で冬眠させるとき

水生ヌマガメは、水中で冬眠させることもできます。水中で冬眠させるときは、水中ヒーターを使わずに、自然に水温が下がっていくようにしましょう。エサを食べなくなってきたら、ホットスポットも撤去します。

エサをあげなくなってから1か月以上たち、水温が15度を下回るようになると、カメはほとんど活動しなくなるはず。こうなったら、ケージの水深を少しずつ増やして深くしていきます。最終的には、イラストのように、一番深いところが水深20センチくらいになるようにして、底には水ゴケを入れましょう。

カメは水ゴケにもぐるようにして冬眠を始めます。このままの状態で、水温をつねに5〜10度に保ちましょう。ダンボール箱や毛布でケージを囲い、暖房をしない室内や雨や日があたらない屋外に置いておきます。

◆屋外飼育で冬眠させるとき

普段から庭の池で飼っているヌマガメは、池で冬眠させることができます。これはもっとも自然の環境に近い、冬眠の方法になります。

池は水深が30センチ以上あることが、冬眠の条件です。池が浅いと、水が凍るほどの寒さになったときにカメ自身が凍りついてしまいます。寒い地域なら、水面にシートをかぶせておけば安心です。池の底にはカメがもぐれるように落ち葉や水ゴケを入れてあげましょう。

◆冬眠中の温度管理

土中冬眠でも、水中冬眠でも、冬眠中の温度は5～10度くらいに保つことが大切です。15度以上の日が続くと、冬眠するには温度が高すぎて、カメの代謝が高くなってしまいます。かといって、目覚めてエサを食べたり活動できる温度ではないので、カメは体力を消耗してしまうでしょう。逆に、5度以下になってしまうと、低温すぎて危険です。

カメの冬眠箱や冬眠水槽には温度計をつけて、ときどき温度をチェックしてください。

また、土中で冬眠させる場合は、乾燥しないよう気をつけましょう。カメがもぐっている土や水ゴケが乾燥してしまうと、カメもひからびてしまいます。ときどきフタを開けて、湿りけが足りないようなら、水を注いで水分を補給してあげましょう。

冬眠後の世話

春とともにカメのお目覚め！ ゆっくり起こしてあげよう

◆冬眠していたカメを起こす手順

自然の中では、カメは気温の上昇に合わせて目覚めていきます。冬眠させたカメも、自然のカメが目覚める4月下旬頃に起こしてあげましょう。

このときも急に温めるのではなく、段階的に温度を上げていきます。まず冬眠していた箱やケージを、暖かい部屋へ移動させましょう。土中冬眠をしていたカメは、箱から出して、普通のケージに戻します。1日かけてゆっくり室温にならしてあげましょう。1週間ほどしたら、紫外線ライトやホットスポット、ヒーターなども普段のとおりに設置して、温度管理をします。天然の日光浴もできるだけさせてあげましょう。

冬眠から目覚めたカメは、しばらくは食欲がないものです。飼育温度を普段に戻してカメが活動しはじめたら、野菜など植物質のエサからあげましょう。

なかなか食べないカメには、ミミズなどの生き餌や好物をサービスしてあげて。1～2週間すれば、完全に冬眠から覚めていつもの生活に復帰するはずです。

COLUMN
コラム

あれ!? 冬眠してる…? 眠ったカメの起こしかた

「どうも最近、動きが鈍いし食欲もないと思っていたら、ケージの底にじっとして動かなくなっちゃった…」なんてこともあります。

冬眠させるつもりはなかったのに、勝手にカメが冬眠してしまうケースです。

これは、温度管理がうまくいかなかったことが原因。寒い時期になって、ケージが適温より低温になってしまったのでしょう。カメの健康を守る飼い主さんは、おおいに反省してください!

冬眠してしまったのが、温帯のヌマガメで、そのまま冬眠させるつもりなら、5~10度を保つように、あらためて環境を整えてあげてもOK。

でも、問題はいつからエサを食べずに、いつから冬眠に入ったのかです。この場合、腸に未消化のエサが残っていると、冬眠がうまくいかない可能性があります。

そこで、知らないうちに冬眠してしまったときは、真冬であっても、カメを起こしてあげるのがおすすめ。冬眠後の起こしかたを参考に、だんだんに温かい環境にしてカメを起こしましょう。

リクガメが冬眠してしまったときは、まず温浴をさせてあげること。温浴は体温を上げるのに効果的です。

それまでの温度管理が十分でなかったようなら、ヒーターだけに頼らず、エアコンで室温も上げてみるとよいでしょう。

ぬるま湯で温浴して
体をあたためる

COLUMN
コラム

子ガメをふやしてみたい…。水生ヌマガメの繁殖について

カメを繁殖させるには、広いケージや飼育設備などが必要です。温度や環境作りなど、カメの種類によっても、繁殖のさせ方は違ってきます。また、「この方法が絶対」ということもなく、飼育下での繁殖はなかなか難しいのが現実です。

本書では、比較的繁殖させやすいミシシッピーアカミミガメを例に、カメの繁殖方法の流れを紹介しましょう。

◆カメを繁殖用ケージで同居させる

アカミミガメはオスで2～4歳、メスで5～7歳頃になれば、繁殖が可能になります。

繁殖の時期は、冬眠から目覚め活発に活動をし始めた春。繁殖を促すには、冬眠をさせると成功しやすいようです。この時期に大きな繁殖用のケージを用意し、オスとメスを同居させましょう。オス、メス1匹ずつより、2～3匹ずつ入れたほうが相性があう確率も高いでしょう。

ケージは水場のほかに、土を敷いた広い陸場が必要です。ヤシガラや赤玉土など、園芸用の土で陸場を作ってあげましょう。屋外で繁殖させるなら、池などの水場のまわりに、カメが上がれる土の陸場を確保。外側をカメが逃げないようにしっかり囲みます。水中で交尾をするので、水深は甲羅の高さの2、3倍以上と深めにしてください。

アカミミガメはオスが水中で求愛します。メスの鼻先で長い爪をふるわせたり、メスの背中に乗って頭の上で爪を動かしたりするのです。メスがOKなら、甲羅に乗って交尾をします。交尾を確認したらメスだけを繁殖用ケージに残します。

COLUMN

アカミミガメなら150センチ
水槽くらいの広さが必要
八虫類用ライト
ホットスポット用
ライト
水場
水深は甲羅の2〜3倍
赤玉土やヤシガラ土で
陸をつくる

◆土を掘って産卵する

カメは交尾から産卵までの期間がまちまちで、平均して1か月〜4か月かかります。アカミミガメの産卵時期は5〜8月頃。ヌマガメの仲間のクサガメやニホンイシガメも、ほぼ同じです。

メスは産卵の時期が近づくと、エサを食べなくなりますが体重は増加。陸場で気に入った産卵場所を探し、あちこちの土を掘ったりするようになります。場所が決まると後ろ足で穴を掘り、産卵をして土で卵を隠します。

卵の数はカメの種類によって違いますが、アカミミガメとクサガメは平均8〜9個。ニホンイシガメが平均6〜7個。多くのカメは数個から10個程度の卵を産みますが、1度に1個しか産まないパンケーキリクガメのような種類もあります。

ミシシッピーアカミミガメは、自然下では、年に平均3回の産卵をします。

COLUMN
コラム

◆卵をふ化容器に移動する

産卵の時期はカメの行動に注意して、卵をどこに産んだか、水中で産卵してしまっていないか気をつけましょう。水中に産んでしまった場合、数時間のうちにふ化容器に移さないと、卵は死んでしまいます。

土に産んだ場合でも、親ガメにつぶされてしまう危険性もあり。屋外で気候がよければ、自然にふ化する場合もありますが、確実にふ化させるためには、人工ふ化がおすすめです。

産卵時期になったら、いつでもふ化容器を作れるように準備しておくこと。

イラストのように、湿度を保ちやすいプラスチック製の密閉容器で作りましょう。中にはヤシガラ土や赤玉土など、園芸用の土を使用。土の3分の1の量の水で湿らせて、4、5センチの深さになるように入れましょう。

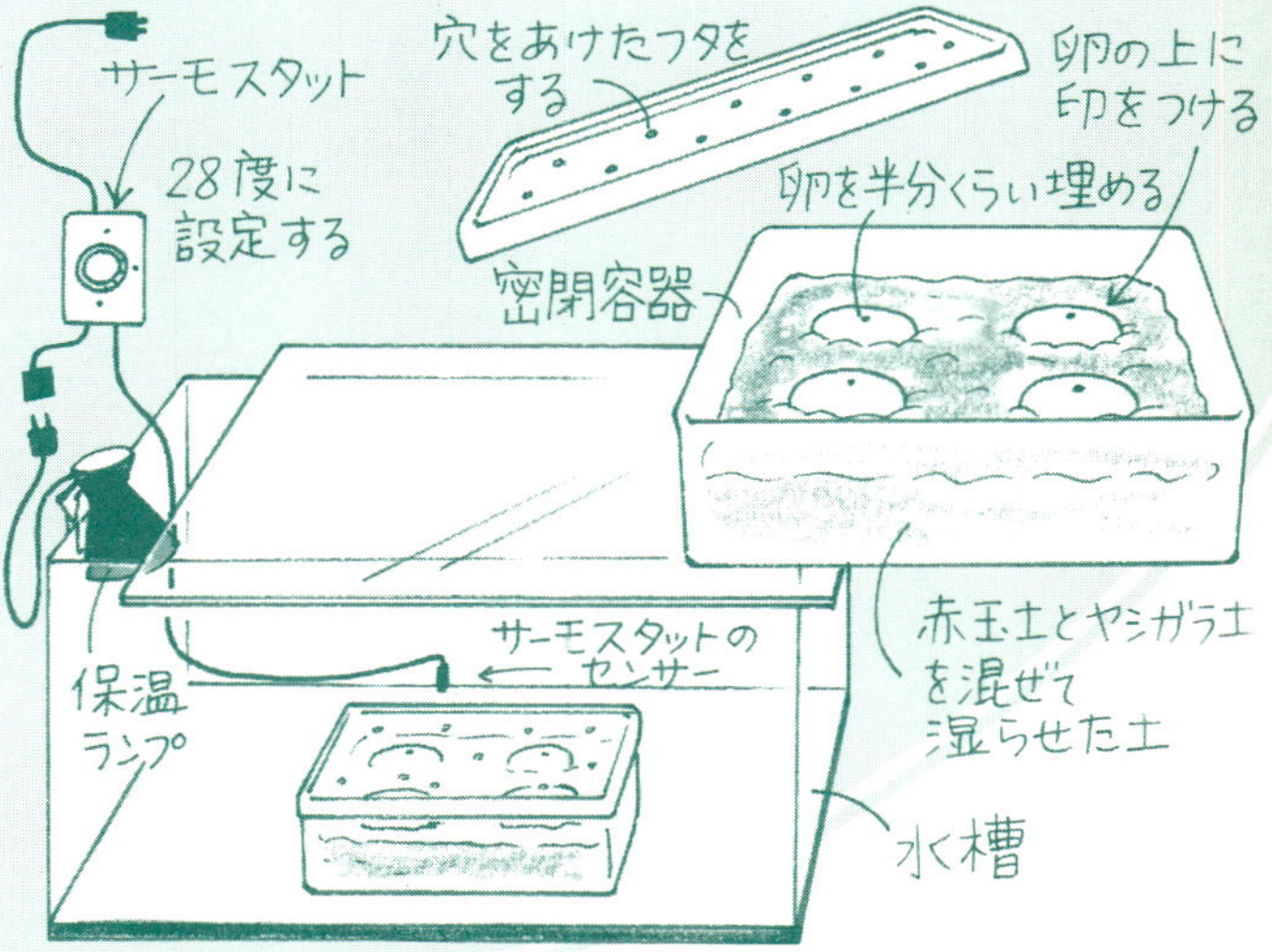
サーモスタット
28度に
設定する
穴をあけたフタをする
卵の上に
印をつける
卵を半分くらい埋める
密閉容器
サーモスタットの
センサー
保温
ランプ
赤玉土とヤシガラ土
を混ぜて
湿らせた土
水槽

COLUMN

◆卵は上下をひっくり返さないこと！

カメの卵は、産卵したら早めにふ化容器に移すこと。遅くても2日以内に移して、適切な温度や湿度においてあげましょう。

このとき大切なのは、卵の上下を逆にしないこと。カメの卵が成長し始めてから動かすと、内部の胚部分がつぶれて死んでしまうのです。印をつけるなどして、逆さにしないよう上下を保ったまま移してあげましょう。

◆卵がふ化するまで

湿らせた土を入れたふ化容器には、卵を半分埋めるように置きます。埋めるのは卵が転がってしまわないためで、土で覆ったりする必要はありません。

フタは数か所の穴を開けるか、すきまがあくようにずらしておきましょう。ときどき土の湿り具合をチェックして、乾いていたら霧吹きやスポイトで水分を補給。このとき端のほうから、土を湿らせるようにそっと入れるのがポイントです。

ふ化容器は室内の暖かいところに置き、安定した温度で保管します。ふ化容器ごと水槽などに入れて、ペット用の保温電球で温めるとよいでしょう。サーモスタットを使い、28度を保つようにすれば理想的です。

◆環境温度とふ化の関係

アカミミガメのふ化容器の適温は、26～30度で、この温度で保管すると約2か月でふ化します。ふ化までの日数は温度で変わり、高温だと早くなりますがふ化率は低くなります。

また、このときの温度によって、カメの性別も決まります。27～29度くらいの環境で卵がふ化すればメス、24度前後と34度前後だとオスになるといわれています。

ただし、これはすべての種類のカメにいえるこ

COLUMN
コラム

とではありません。性染色体による遺伝的要因で決まるものもあれば、温度と性染色体のどちらとも解明されていない種もいるのです。

◆子ガメの誕生

子ガメには上あごに卵歯といわれる突起があり、これで殻をやぶって出てきます。卵歯は2〜3日でとれてなくなります。

生まれたての子ガメは小さいながらも、しっかりと甲羅を持ったカメの形。甲羅はやわらかく、腹甲には卵黄を吸収していたヘソがあります。まだ、卵黄がついたまま生まれることもありますが、自然に体内に吸収されるので大丈夫。

生まれた子ガメは、ふ化容器から別に移しましょう。ふ化容器と同じ土を入れた容器を作り、そこに移してあげます。生後1〜2週間は、腹部に卵黄が残っているため、エサを与える必要はありません。湿らせた土の容器で、そのまま過ごさせましょう。

温度は28度くらいに保てれば理想的。夜は暗くしますが、温度は下がりすぎないように。気温が低い場合は、保温電球などを利用するとよいでしょう。

◆はじめてのケージに引っ越し

子ガメは甲羅がやわらかいので、さわるときは十分に注意して。生後1〜2週間したところで、水場のあるケージに引っ越しです。水深は甲羅の上が出るくらいに少なくし、引き続き温度管理にも気をつけてあげましょう。

アカミミガメの場合は配合飼料をあげますが、食べないようなら生き餌をあげてみて。ミミズやコオロギを、切ってあげるようにします。

子ガメは栄養価の高いエサをあげることが大切。甲羅や骨の成長のために、カルシウム、ビタミン、ミネラルなどバランスよくとれるようにします。

PART 7

ずっと元気で長寿をまっとうしてもらうために…

カメの病気と対処法

健康チェック

今日も元気に過ごしているかな？ カメの健康チェック・ポイント

おなかがすいても、文句があっても、鳴いたりしないケナゲなカメたち。カメは丈夫だといわれていますが、実際は、飼育環境やエサの内容が適切でないことなどが原因で、病気になるカメがとても多いのです。なかには、飼っている人に知識がなくて、カメが具合が悪いのに気づかないまま、なんとか生きのびているなんてかわいそうなケースもあります。

カメは具合が悪くても言葉で伝えることができません。だから、彼らが元気で健康に過ごしているのかどうか、つねに飼い主さんがチェックしてあげる必要があります。病気は、早期発見がなにより大切。気になる症状があれば、早めに動物病院へ連れて行きましょう。イヌやネコと違って、カメを診察してもらえる病院は少ないものです。いざというときあわてないよう、あらかじめカメの診察が可能な病院を探しておきましょう。

健康の基準としてもっともわかりやすいのは、エサの食べ具合です。エサをあまり食べない、まったく食べないというときは要注意。次に、活発に動いているかどうかをチェック。

表を参考に、日ごろから体の各部もしっかり健康チェックする習慣をつけてください。

カメの健康チェック!

CHECK! ヌマガメ・リクガメ共通のチェック	食欲があり、きちんとエサを食べているか 吐いたりしていないか 元気に活動しているか 甲羅がやわらかくなったり、変形していないか 甲羅に傷やヒビが入っていないか 目がはれたり、くぼんだりしていないか 鼻水を出していないか、鼻ちょうちんを作っていないか 口を開けたままにしていないか 「ヒュー、ヒュー」と異常な音を出していないか ゲリや便秘をしていないか 総排泄孔からピンクや黒っぽいものが出ていないか
CHECK! ヌマガメのチェック	皮膚がただれたり、白くふやけたりしていないか 皮膚や甲羅にカビが生えていないか 泳ぐときに体が斜めに傾いていないか
CHECK! リクガメのチェック	口がうまく閉じなかったり変形していないか お尻が汚れていないか

環境を見直す

「具合が悪いかな…」と思ったら、まず、飼育環境を見直そう

◆治療の基本は環境を整えること

カメの病気は、飼育環境が原因になっていることが多いものです。もともと健康なカメであっても、温度管理、光の管理、エサの内容のいずれかに問題があると、病気を引き起こすことがしばしばあります。

カメの具合が悪いときは、病院で治療するとともに、もう一度、次の点を確認してみましょう。症状が軽ければ、環境を適正にして正しい飼育をするだけで治ることもあります。

①温度管理はできているか

カメにあった最低温度が保たれ、さらに温かいホットスポットを作って、ケージ内に温度勾配があるでしょうか。水槽が小さいと、ホットスポットを作ったために、ケージ内がすべて高温になってしまうという失敗もあります。

水生ヌマガメの場合は、陸場の温度と水温をチェック。陸生ヌマガメやリクガメのケージでは、最低温度とホットスポットの温度をチェックしましょう。最低温度が足りない場合は、ヒーター

や部屋のエアコンなどを利用してケージ全体を温めてあげます。

②ハ虫類用ライトをきちんとつけているか

光の管理としては、ハ虫類用ライトで紫外線をあてることが必要。紫外線が不足すると、甲羅やクチバシの変形などの代謝性骨疾患などが起こります。毎日、一定時間、ハ虫類用ライトをつける（または日光浴をさせる）ようにして、カメが紫外線にあたれるようにしてください。

③エサの内容は適切か

カメは完全な草食性から、草食中心の雑食性、肉食傾向の強い雑食性など、種類によってエサが違います。水生ヌマガメや陸生ヌマガメは配合飼料を中心にすることができますが、それ以外の野菜や生き餌もあげるのが理想的です。リクガメは、配合飼料は週1、2回にとどめて、野菜や野草を中心とした食事をあげましょう。そのほかに、雑食傾向が強い種類は、果物や生き餌などもあげるのが理想的。また、人間用に加工された食品は、カメにとっては塩分や脂肪、たんぱく質が多すぎます。人の食べ物をあげるのはカメの健康を害するのでやめましょう。

④その他の環境はOK？

理想的な湿度についてははっきりしない面もありますが、基本はできるだけ生息地の環境を再現させること。ただ、乾燥した地域のカメでも飲み水は与えること、湿地帯のカメでもケージが蒸れないように風通しをよくすることが大切です。

症状と病名

こんな症状のときは病気かも。おかしいときはすぐ病院へ！

症　状	考えられる病気
食欲がない	●温度が低いなど不適切な環境での飼育（P196） ●代謝性骨疾患（P202） ●呼吸器感染症（P205） ●便秘（P206） ●卵塞（P207） ●膀胱結石（P208） などいろいろな病気が考えられる
元気がない	●温度が低いなど不適切な環境での飼育（P196） ●代謝性骨疾患（P202） ●呼吸器感染症（P205） ●便秘（P206） ●卵塞（P207） などいろいろな病気が考えられる
目がはれている 目が開かない	●ビタミンA欠乏症（P201） ●細菌性皮膚炎（P203）
鼻水を出している くしゃみが出る	●ビタミンA欠乏症（P201） ●呼吸器感染症（P205）
耳（鼓膜）がはれている 耳（鼓膜）が赤くなっている	●中耳炎（P201）
口を開けたままになっている 口から悪臭や分泌物がある	●口内炎（P200） ●便秘(P206)
クチバシが変形している	●クチバシの過長（P200） ●代謝性骨疾患（P202）

症　状	考えられる病気
口や鼻からアワをふいている	●日射病・熱射病（P209）
ヒューヒュー、ピーピーなど 異常音を出している	●呼吸器感染症（P205）
皮膚に水泡がある 皮膚に炎症や潰瘍がある	●ビタミンA過剰症（P202） ●細菌性皮膚炎（P203） ●寄生虫症（P205）
甲羅がやわらかい、 変形している、 表面がデコボコしている	●代謝性骨疾患（P202）
甲羅に炎症や潰瘍、 うんでいるところがある	●細菌性皮膚炎（P203） ●甲羅膿瘍（P205）
甲羅にキズ、出血、炎症がある	●甲羅外傷（P204） ●甲羅損傷（P204）
総排泄孔から何か出ている	●膀胱脱・総排泄孔脱（P206） ●陰茎脱（P208）
総排泄孔から血や分泌物が 出ている	●卵塞（P207）
いきんでいる 便が出ない 尿や尿酸が出ない	●便秘（P206） ●膀胱結石（P208）
ゲリをしている	●寄生虫症（P205）
泳ぐときに体が傾いている	●呼吸器感染症（P205）
歩き方がおかしい	●代謝性骨疾患（P202）

カメの病気

いつまでも元気でいてほしいから、病気を知って早めに対処しよう

クチバシ・口腔の病気

■口内炎

〈症状と原因〉　口内炎ができるとカメは口腔内に違和感があるため、口を開けたままになってしまいます。重症になると口から悪臭や分泌物が出て、食欲不振を引き起こすことも。原因は、細菌感染、口腔内の損傷、ビタミン欠乏などです。

〈治療と予防〉　消毒剤や殺菌剤を塗布し、ビタミンB、Cの投与を行ないます。予防には、栄養バランスがとれた適正なエサをあげることが有効です。

■クチバシの過長

〈症状と原因〉　クチバシがのびて変形する病気。リクガメに多く見られる症状で、栄養障害ややわらかいエサばかりとることなどから起こります。

〈治療と予防〉　クチバシを削って治療し、エサの内容を正しいものに改めます。草食のリクガ

メには、野菜の茎や貝殻などもエサに加えるとよいでしょう。

耳の病気

■中耳炎

〈症状と原因〉　原因の多くは細菌感染。鼓膜の片側、または両側が腫《は》れたり、赤味を帯びてきます。腫れがひどくなると口を開けづらくなるため、エサも食べなくなってしまいます。

〈治療と予防〉　病院では、鼓膜の下半分を切除して膿《うみ》を出し、洗浄します。局所的、または全身的に抗生物質の投与を行ないます。

日頃からケージ内を清潔に保つことが、予防につながります。

栄養障害

■ビタミンA欠乏症

〈症状と原因〉　とくに水生ガメにとても多い病気です。軽いうちは眼が腫れる、くしゃみや鼻汁が出るなどの症状が現れます。皮膚の潰瘍《かいよう》は子ガメに多い症状。眼が膨張して視力に問題が出てくると、食欲不振や衰弱を起こします。

原因はビタミンAの栄養不足で、エサの内容がよくないために起こります。また、冬眠前に十分な脂溶性ビタミンが不足すると、冬眠後にも起こりがちです。

〈治療と予防〉 ビタミンAを投与し、二次感染が見られるときは抗生物質の点眼や内服、注射で治療します。予防として、ビタミンAのサプリメントを投与したり、ビタミンAを豊富に含むレバーなどをエサに加えるといいでしょう。

■ビタミンA過剰症

〈症状と原因〉 皮膚に水疱が見られ、脱落したり潰瘍ができます。高濃度の総合ビタミン剤投与により起こるものです。

〈治療と予防〉 ビタミンAの投与を中止し、患部を抗生物質で処置します。

■代謝性骨疾患

〈症状と原因〉 ヌマガメ、リクガメとも、とくに子ガメに多く見られる病気。とくに甲羅に症状が出やすく、やわらかくなったり(これをソフトシェルという)、曲がる、縁がそる、表面が不均等にデコボコになるなどの変形が起こります。四肢の湾曲や骨折、クチバシの変形があることも。食欲も減少し、成長も遅れがちです。

原因は紫外線やビタミンD_3の不足、カルシウム不足のほか、カルシウムとリンのバランスが悪いエサなどによるものです。

〈治療と予防〉 進行を防ぎ、治すためには、飼育環境の見直しが必要。ハ虫類用の紫外線ライトなどでUVB（P75参照）を含む紫外線を照射し、日光浴をさせてあげます。1日12～14時間程度、ガラスなどで遮断せずに、直接ケージ内に光が入るようにすること。

エサはカルシウムとリンのバランスが大切です。ヌマガメの場合はカルシウムとリンを1.5対1、リクガメの場合は4～5対1で与えること。カルシウム剤の投与でも補給できます。

皮膚・甲羅の病気

■細菌性皮膚炎

〈症状と原因〉　皮膚や甲羅に炎症、潰瘍などが見られます。はがれ落ちたあとの甲羅がや

カメ診察日記①
レントゲンの巻
ミドリガメの子どもだね
あの〜
みてください…
検査のためにレントゲンをとろうとしたが….
すぐ歩いてなかなか撮れない
トコトコトコトコトコトコ…
おーい わりばし持ってきて
?ハイ
持ってきました…
これではさんでおいて！
パシャ！
パシャ！
木はレントゲンにうつらないので無事撮影完了

わらかく赤味を帯びて膿《う》んでいる場合は、脱皮ではなく感染症。細菌、真菌が原因です。
〈治療と予防〉　生理食塩水による洗浄と殺菌剤による治療、抗生物質の外用を行ない、乾燥させます。水生ガメは水の交換をまめに行ない、ケージを清潔にして予防しましょう。

■甲羅外傷

〈症状と原因〉　同居させているカメやケージにぶつかって、甲羅が傷つくことがあります。キズから細菌感染なども起こしやすくなるので、注意しましょう。
〈治療と予防〉　生理食塩水による洗浄と殺菌剤による治療を行ない、甲羅を乾燥させます。症状が重症の場合は、抗生物質の外用や投与を行ないます。また、カメを広いケージに移し、同居させているカメは別々にすることも必要です。

■甲羅損傷

〈症状と原因〉　甲羅が欠けたり、かまれた傷などが原因。背甲を損傷すると肺の挫傷、出血、炎症がみられることも。また、重度の感染が原因で、甲羅が損傷する場合もあります。
交通事故にあったり、イヌにかまれる、ベランダや高いところから落ちるなど、いろいろなケースがあります。
甲羅を損傷すると細菌や真菌の感染も発生しやすくなります。
〈治療と予防〉　内部疾患を併発していなければ、患部の消毒や抗生物質による局所治療を行ないます。亀裂や崩壊が重度な場合は、甲羅の損傷した部分を樹脂製剤などで修復します。

■甲羅膿瘍

〈症状と原因〉 甲羅の下の組織に潰瘍が見られ、重症になると体腔をつらぬくこともあります。主に細菌感染が原因です。

〈治療と予防〉 潰瘍を除き、殺菌剤、抗生物質などによる局所治療を行ないます。

■寄生虫症

〈症状と原因〉 ヌマガメにはヒル、リクガメにはダニなどの外部寄生虫がつくことがあり、皮膚炎を起こします。

内部寄生虫は鞭毛虫《べんもうちゅう》の原虫、回虫、鉤虫《こうちゅう》などで、軽いものなら症状はありませんが、ストレスがかかるとゲリややせるといった悪影響が見られます。

〈治療と予防〉 外部寄生虫は取り除き、内部寄生虫はフンからの検査をして駆虫剤を投薬します。内部寄生虫は、共生しても悪影響がない場合もあります。

呼吸器系の病気

■呼吸器感染症

〈症状と原因〉 元気がなくなり、食欲不振、体重の減少が起こります。鼻腔が汚れたり鼻汁、呼吸困難、「ヒューヒュー」「ピーピー」などの異常音を出すことも。重症になると、口を開けて呼吸したり、呼吸時に頭や四肢をゆっくり上下に動かす行動が見られます。水生ガメでは、浮力の均衡がとれなくなり傾いて泳ぐようになります。

細菌、真菌、ウイルス感染のほか、急激な温度変化、栄養不良、ビタミンA欠乏症といった飼育環境の悪さによっても発生します。

〈治療と予防〉　細菌の感染があれば抗生物質を投与。多くの場合、強制給餌が必要で、長期にわたって治療しなければなりません。適正な環境で飼育することで予防できます。

消化器系の病気

■膀胱脱・総排泄孔脱

〈症状と原因〉　総排泄孔から赤やピンクの粘膜が露出。感染がおもな原因とされています。

〈治療と予防〉　感染が軽度の場合は、抗生物質を投与します。重度の場合は、切除や整形を行なって治療。

■便秘

〈症状と原因〉　リクガメに発生しやすい症状です。おもな原因は、水分不足、湿度の低下、カルシウムの過剰投与、エサの食物繊維不足など。初期は食欲もあり元気で排便がないだけですが、次第にいきむようになり食欲が低下。やがて四肢の力が弱くなり、歩かなくなります。重症になると甲羅の内部で肺が圧迫され呼吸困難になるため、口を開けて呼吸します。

〈治療と予防〉　水と食物繊維の高いエサを与えます。日頃からエサの内容を改善してあげましょう。毎日の温浴を習慣にすると予防につながります。

泌尿器・生殖器系の病気

■卵塞

〈症状と原因〉　適当な産卵場所がないと、産卵に失敗して卵が詰まることがあります。ビ

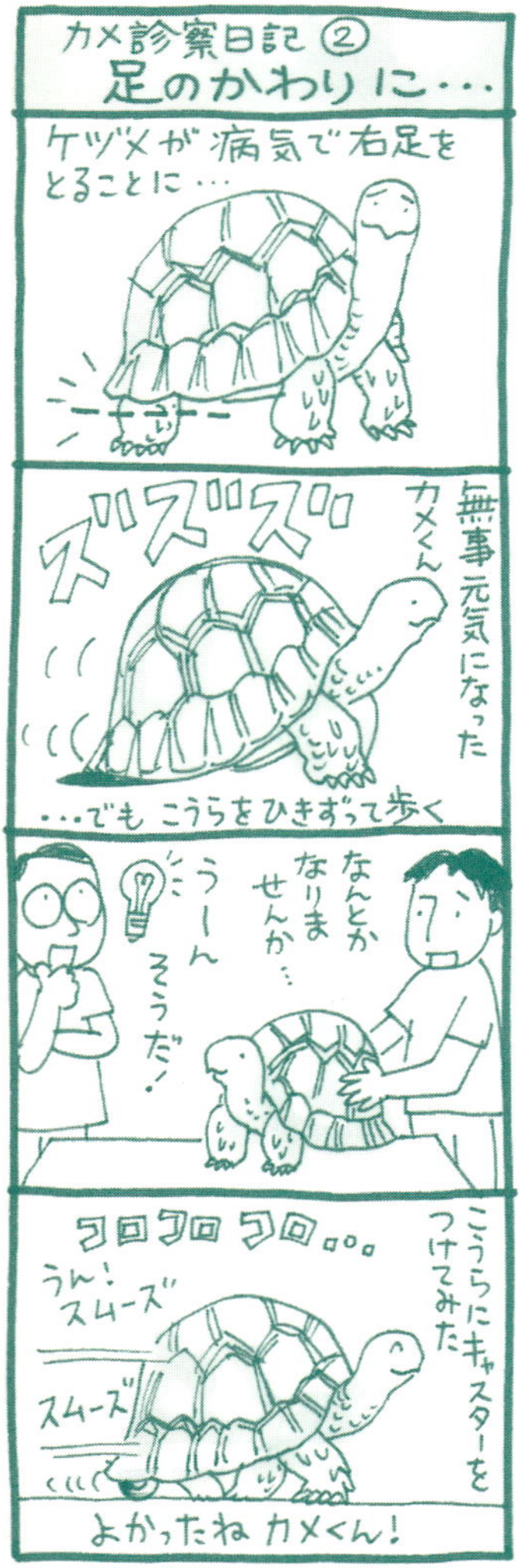

タミンA欠乏症、低カルシウム症、脱水、感染症も関与。メスだけ飼っていても、無精卵によって発生する場合があります。

症状としては食欲不振、元気喪失、営巣活動やいきみ、総排泄孔から出血や分泌物が出るなどの症状が見られます。

〈治療と予防〉　X線検査で卵を確認。脱水していれば温浴で水を飲ませます。薬の投与で産卵させるか、外科的に開腹手術を行なって卵を摘出。

■膀胱結石

〈症状と原因〉　リクガメの中でも六シガメ、ケヅメリクガメに多い病気。

初期は無症状ですが、次第に排尿が困難になったり、頻尿になり、いきむようになります。しだいに食欲も低下。水分不足や低湿度、カルシウムの過剰投与が原因で、尿酸結石やカルシウム系の結石ができます。

〈治療と予防〉　結石が小さければ水を飲ませて排泄させます。石が大きい場合は、外科的に摘出。普段から、温浴などで水を飲ませることが予防になります。

■陰茎脱

〈症状と原因〉　細菌感染やビタミン不足など、複数の要因が関与して発生します。クサガメに多い病気です。総排泄孔から、紫や黒に変色した陰茎が露出します。

〈治療と予防〉　早期発見なら、陰茎を洗浄し抗生物質を塗布して強制的に整復することも可能です。組織の壊死がある場合は切断します。

その他の病気

■日射病・熱射病

〈症状と原因〉　水温や温度が高すぎると、口や鼻から泡をふきます。

〈治療と予防〉　症状が見られたらすぐに涼しい場所へ移動し、少しずつ冷たい水をかけてあげます。日光浴は大きなケージで行ない、かならず日陰を作り、暑すぎないように注意して。

カメの看病

診察・投薬・飼育環境の管理…。病気ガメをやさしく世話しよう

◆カメを動物病院へ連れていく

カメを動物病院に連れていくときは、カメをきちんと診察してくれる病院に行くことが大切です。カメを飼っている人や、ハ虫類を扱っているペットショップの人に、カメに詳しい獣医さんを聞いておくといいでしょう。インターネットで情報を検索するのもおすすめです。

病院へ連れていくときは、カメよりひと回り大きいプラケースや箱に入れ、寒い時期なら低温になりすぎないよう使い捨てカイロなどで温めていきましょう。病院ではカメの症状だけでなく、普段どういったケージで飼っているのか、温度は何度にしているか、光の管理はどのようにしているか、与えているエサの種類など、飼育状況を説明できるようにしておきます。

◆カメに薬をあげるとき

カメに薬を飲ませるときは、一人がカメを持ち、一人が薬をあげるようにします。

頭をひっこめてしまうカメは、背甲を上から軽くおさえて、両方の前肢を外側に開くように押してあげると、自然に頭を出してくれます。眼薬などは、こうして一人がおさえて眼にたらす

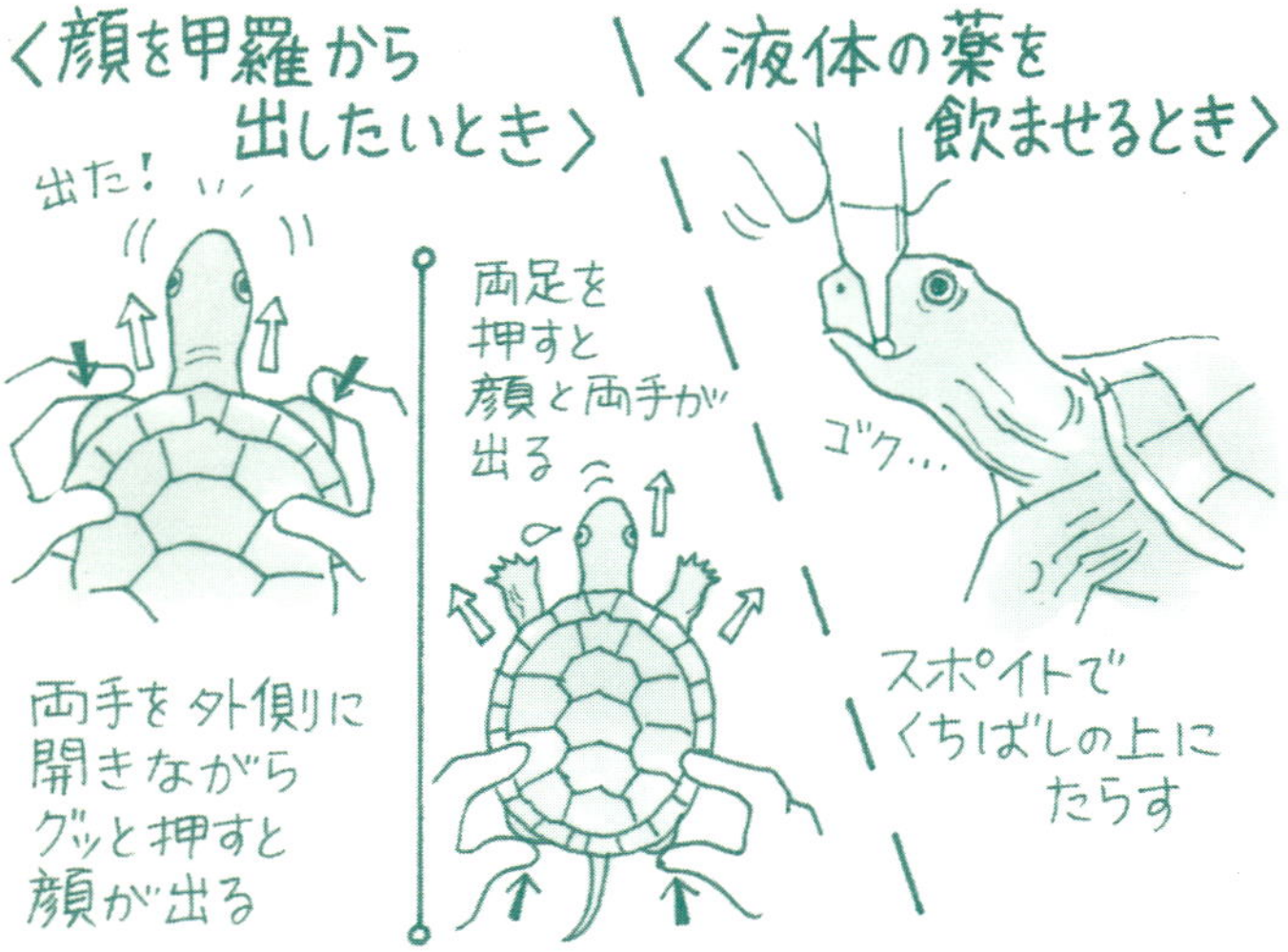
〈顔を甲羅から出したいとき〉
出た！
両手を外側に開きながらグッと押すと顔が出る
両足を押すと顔と両手が出る
〈液体の薬を飲ませるとき〉
ゴク…
スポイトでくちばしの上にたらす

ようにするといいでしょう。

飲ませるタイプの薬は、口を開けたときにスポイトで、直接クチバシの横にたらします。口を開けさせるには、かまれないように注意が必要。片手を下からアゴにあてるようにして、親指と人指し指でアゴと耳のうしろあたりをおさえます。もう片方の手で、下アゴを下げるようにして開けさせましょう。

ビタミン剤などを飲ませるには、水溶性の薬を入れた水で温浴をさせるのもよい方法。リクガメの場合は、エサに混ぜて薬を飲ませることも可能です。

◆ケガをしたときの世話

ほかのカメにかまれたりして、皮膚や甲羅から出血したり、爪が折れたりすることもあります。自然に治る程度の軽いキズでも、水

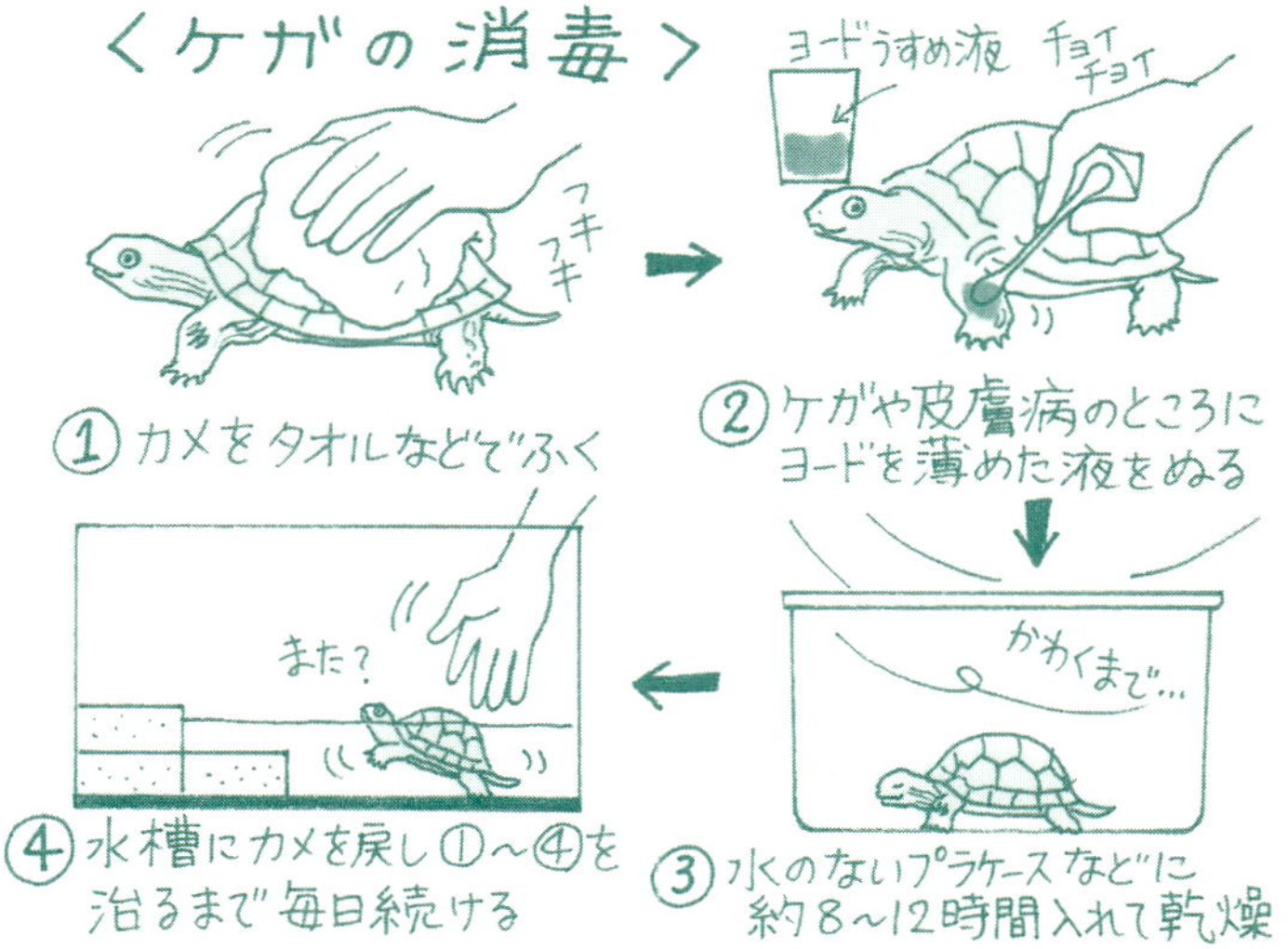
〈ケガの消毒〉
ヨードうすめ液
チョイチョイ
フキフキ
① カメをタオルなどでふく
② ケガや皮膚病のところにヨードを薄めた液をぬる
かわくまで…
③ 水のないプラケースなどに約8〜12時間入れて乾燥
また？
④ 水槽にカメを戻し①〜④を治るまで毎日続ける

に入っていることの多いヌマガメは、治りが悪くなります。ケガや皮膚病の看病としては消毒と乾燥をしてあげると効果的です。

カメをよくふき、ケガや皮膚病のところにヨードの薄め液を塗ります。水のない水槽に約8〜12時間入れて、乾燥してから普段のケージに戻します。リクガメの場合も、同様に消毒してあげることができます。

◆エサを食べないときは？

具合が悪く自分でエサを食べられないカメの多くは、脱水を併発しています。まず、水槽に浅くぬるま湯を入れ、カメを一晩入れておきます。つぎに強制給餌を。野菜や果物を離乳食状にして、カメにかみ切られないようなチューブなどを使って与えます。かならず獣医さんに相談して行ないましょう。

カメとのお別れ

その日は突然やってくる…。カメが天国へ行ってしまったら

カメは長生きする動物とはいえ、いつかはお別れのときがきます。何年も家族の一員として過ごしたカメが、いなくなってしまうのは本当に悲しいこと。子ガメから、少しずつ大きく成長する様子を見守ってきた家族にはつらいことですが、安らかに眠れるよう見送ってあげましょう。家に庭があれば、埋めてお墓を作ってあげるのもいいでしょう。

けれども、大きなカメだったり、庭がなかったりとお墓が作れないケースもあるはず。動物の遺骸は自治体でひきとってもらえるので、自宅で対処できない場合、問い合わせてみるといいでしょう。カメはほかの動物と違って、甲羅だけを残すという選択もあり。愛するカメの甲羅を残したいという人は、カメを診てもらっていた獣医さんに、相談してみては？

カメは飼育方法によって、寿命が決まるといわれます。あなたのカメの死因を考え、もう一度反省してみて。温度や光の管理、エサの内容やあげかたは大丈夫だったでしょうか。ケージが狭いなど、ストレスになるようなことはなかったでしょうか？　また、カメを飼うチャンスがあれば、この経験を生かして、より楽しく幸せなカメライフを過ごせるようにしたいですね。

COLUMN
コラム

貴重な動物を保護するワシントン条約について

「ワシントン条約(CITES)」とは、野生動物を保護する目的で制定された、国際動物保護条約のことです。正式には「絶滅のおそれのある野生動植物の種の国際取引に関する条約」といい、1973年に採択されました。

ワシントン条約が適用される種類については、保護の必要性に応じて3段階に分けられ、附属書に記載されています。

新たに種類が追加されたり、段階があげられたりすることもあるため、いままで売られていた種が、あるときから買えなくなってしまうということも。カメも多くの種類が附属書に記載されていて、商取引が規制されています。

ワシントン条約は輸出入の制限をしているもので、全面的な禁止ではありません。正規の手続きをへて輸入されたカメなら飼うことも可能です。また、輸入されたものを国内で繁殖し、ショップで売っている場合もあります。希少価値であることだけがそのカメの魅力ではありませんが、そんなカメをすでに飼っているなら、それだけ貴重なカメであることを認識して、ますます大切にしてあげてください。

附属書Ⅰに記載されている種は、絶滅の危機にあるもの。ガラパゴスゾウガメ、マダガスカルホシガメなどが記載され、学術研究目的以外の輸出入は禁止されています。附属書Ⅱに記載されているものは、規制をしないと絶滅のおそれがある種。リクガメ科全種、アメリカハコガメ属、アジアハコガメ属などが記載され、輸出入には原産国の輸出許可書などが必要となります。附属書Ⅲは、原産国が他国に規制の協力を求めている種類で、輸出入には原産地の証明書および、輸出国の輸出許可書が必要です。

【ワシントン条約附属書Ⅰの動物（爬虫綱・カメ目）】

一般的和名等	学名等	一般的英名等	おもな分布等
●カメ科＜Emydidae＞			
ヨツユビガメ	Batagur baska	River terrapin	東南アジア
ミューレンベルグイシガメ	Clemmys muhlenbergi	Muhlenberg's turtle	北アメリカ東部
ハミルトンクサガメ	Geoclemys hamiltonii	Hamilton's terrapin	インド北部、パキスタン
カチューガ	Kachuga tecta	Indian sawback turtle	インド北部、パキスタン
ミスジヤマガメ	Melanochelys tricarinata	Three-keeled turtle	インド東部
モレニア	Morenia ocellata	Burmese peacock turtle	ミャンマー南部
ヒメアメリカハコガメ	Terrapene coahuila	Aquatic box turtle	メキシコ北東部
●リクガメ科＜Testudinidae＞			
ガラパゴスゾウガメ	Geochelone nigra	Galapagos giant tortoise	ガラパゴス諸島
マダガスカルホシガメ	Geochelone radiata	Madagascar radiated tortoise	マダガスカル島
イニホーラリクガメ	Geochelone yniphora	Angulated tortoise	マダガスカル島
メキシコゴーファーガメ	Gopherus flavomarginatus	Mexican giant gopher tortoise	メキシコ北部
チズガメ	Psammobates geometricus	Geometric turtle	南アメリカ
エジプトリクガメ	Testudo kleinmannni	Egyptian Tortoise	エジプト、イスラエル、リビア
●ウミガメ科＜Cheloniidae＞			
ウミガメ科全種	Cheloniidae spp.	Marineturtles	太平洋、大西洋、インド洋の赤道付近
●オサガメ科＜Dermochelyidae＞			
オサガメ	Dermochelys coriacea	Leatherback turtle	太平洋、大西洋、インド洋の赤道付近
●スッポン科＜Trionychidae＞			
クロスッポン	Trionyx ater	Cuatro cienages softshell turtle	メキシコ
インドスッポン	Trionyx gangeticus	Indian soft-shelled turtle	インド東部
フルムスッポン	Trionyx hurum	Peacock soft-shelled turtle	インド東部
ウスグロスッポン	Trionyx nigricans	Black soft-shelled turtle	インド東部
●ヘビクビガメ科＜Chelidae＞			
オーストラリアヌマガメモドキ	Pseudemydura umbrina	Short-neeked turtle	オーストラリア南西部

【ワシントン条約附属書Ⅱの動物（爬虫綱・カメ目）】

一般的和名等	学名等	一般的英名等	おもな分布等
●カワガメ科＜Dermatemydidae＞			
カワガメ	Dermatemys mawii	Tabasco turtle	中央アメリカ
●カメ科＜Emydidae＞			
オオカワガメ	Callagur borneoensis	Painted Terrapin	東南アジア
モリイシガメ	Clemmys insculpta	Wood turtle	北アメリカ北東部
アメリカハコガメ属全種	Terrapene spp.	Box Turtles	北アメリカ
アジアハコガメ属全種	Cuora spp.		
●リクガメ科＜Testudinidae＞			
リクガメ科全種	Testudinidae spp	True tortoises	
●スッポン科＜Trionychidae＞			
インドハコスッポン	Lissemys punctata	Indian flap-shelled turtle	東南アジア
●ヨコクビガメ科＜Pelomedusidae＞			
マダガスカルヨコクビガメ	Erymnochelys madagascariensis	Madagascar side-neck turtle	マダガスカル
オオアタマヨコクビガメ	Peltocephalus dumeriliana	Big headed Amazon river turtle	南アメリカ
オオヨコクビガメ属全種	Podocnemis spp.	Sindeneck turtles	南アメリカ北部

上記のデータは、平成12年8月30日現在のものです。

監修者紹介

霍野晋吉（つるの　しんきち）　日本獣医大学獣医科卒業。エキゾチックペットクリニック院長。大学時代からイヌ・ネコ以外のエキゾチックアニマルに関心を持ち、日夜研究に明け暮れる。卒業後は、エキゾチックアニマルをきちんと診察できる動物病院の開業を目指して修行を積み、1997年にエキゾチックペットクリニック開院。みずからもカメやヘビを飼育するハ虫類愛好家である。現在、病院にはカメなどのハ虫類のほか、ハムスター、ウサギ、鳥などの患畜が日本各地から訪れている。

＜エキゾチックペットクリニック＞
〒229-0003
神奈川県相模原市東淵野辺1－11－5　カサベルグK101
TEL&FAX　0427-53-4050
ホームページ　http://epc-vet.com

著者紹介

ミニペット倶楽部　「三度の飯より動物が好き!」というペット好きのスペシャリスト集団。メンバーはヌマガメ飼育歴20年の編集者をはじめ、カメをこよなく愛する写真家、リクガメと寝食を共にするイラストレーター、ハ虫類ショップ通いを日課とするライターなど。

本書では、人気上昇中のカメがターゲット。監修の霍野先生への徹底取材をはじめ、カメの飼い主さんネットワークに取材を敢行。カメに喜んでもらうための情報を収集し、研究を行なった。「これからカメと暮らしてみたい」というビギナーから「すでにカメにまみれて生活している」というマニアまで、すべての愛カメ派に捧げる、カメ飼育書の決定版である。

読者のみなさんへ

この本をお読みになって、特に感銘をもたれたところや、ご不満のあるところなど、忌憚のないご意見を当編集部あてにお送りください。

また、わたくしどもでは、みなさんの斬新なアイディアをお聞きいたいと思っています。

「私のアイディア」を生かしたいとお思いの方は、どしどしお寄せください。これからの企画にできるだけ反映させていいたいと考えています。

なお、採用の分には、記念品を贈呈させていただきます。

編集部

カメに100%喜《よろこ》んでもらう飼《か》い方《かた》 遊《あそ》ばせ方《かた》

2001年5月10日　第1刷
2002年6月15日　第2刷

監修者　霍《つる》野《の》晋《しん》吉《きち》
著　者　ミニペット倶楽部《くらぶ》
発行者　小澤源太郎
発行所　株式会社 青春出版社

東京都新宿区若松町12番1号 〒162-0056
振替番号　00190-7-98602
電話　編集部　03（3203）5123
　　　営業部　03（3207）1916

印刷　堀内印刷　製本　ナショナル製本

万一、落丁、乱丁がありました節は、お取りかえします。
ISBN4-413-06354-6 C0076